吉林省教育厅"十三五"科学技术研究项目（JJKH20180450KJ）

广州市建筑集团有限公司科技计划项目（〔2022〕-KJ002）

基于变形破坏准则的边坡失稳判据及应用

方宏伟 侯振坤 著

科学出版社

北　京

内 容 简 介

　　本书主要介绍作者提出的一种新的边坡失稳判据,在结合强度折减法计算安全系数和进行边坡优化设计时,新的边坡失稳判据不必假设和搜索临界滑裂面,相对于已有方法,本书方法具有明确的边坡失稳客观标准,避免了边坡失稳判断过程中的人为主观因素。全书共 8 章,主要包括:边坡失稳判据研究的意义、极限坡面曲线的计算、边界条件的研究、敏感性分析、边坡样本分析、双折减系数强度折减法和边坡优化设计等。

　　本书主要供边坡稳定性分析研究领域的研究人员使用,也可作为高等院校高年级本科生、研究生的参考用书。

图书在版编目(CIP)数据

　　基于变形破坏准则的边坡失稳判据及应用 / 方宏伟,侯振坤著. —北京:科学出版社,2023.4

　　ISBN 978-7-03-075397-7

　　Ⅰ. ①基… Ⅱ. ①方… ②侯… Ⅲ. ①边坡稳定性-研究 Ⅳ. ①TV698.2

　　中国国家版本馆 CIP 数据核字(2023)第 068066 号

责任编辑:狄源硕　张培静 / 责任校对:邹慧卿
责任印制:吴兆东 / 封面设计:无极书装

科 学 出 版 社 出版
北京东黄城根北街 16 号
邮政编码:100717
http://www.sciencep.com
北京九州迅驰传媒文化有限公司 印刷
科学出版社发行　各地新华书店经销
*
2023 年 4 月第 一 版　开本:720×1000　1/16
2023 年 4 月第一次印刷　印张:12
字数:242 000
定价:108.00 元
(如有印装质量问题,我社负责调换)

前　言

　　边坡稳定性分析是岩土工程的重要研究课题，包括计算安全系数和确定临界滑裂面两个方面的内容。使用传统方法计算安全系数时，需要假设和搜索临界滑裂面。强度折减法不需要假设和搜索临界滑裂面，但如何确定边坡处于极限状态，即失稳判据的选择是一个难题。随着露天矿开采深度的增加和边坡的加高加陡，边坡破坏概率和开采难度增大，而在开采中增大边坡角，将大大减少剥离量，经济效益十分可观。因此露天矿边坡工程寻求减少废石剥离量的工作日益受到人们的重视，最优边坡角或者说边坡优化设计是每个露天矿山面临的难题，这将对矿山的生产安全和经济效益产生重大影响。最优边坡角的计算或者说边坡优化设计的本质依然是边坡失稳判据的确定。

　　基于滑移线场理论，本书作者提出了极限曲线法，其核心理论是失稳变形破坏准则，简述为：采用由滑移线场理论计算得到的极限平衡状态下的边坡坡面曲线（简称极限坡面曲线）与边坡坡面线的相对位置关系判断边坡稳定性。美国学者 I. A. Jeldes 等在研究基于滑移线场理论的凹形边坡设计理论的过程中，提出了临界坡面概念，本书作者对其进行了理论上的推广，可以得出与失稳变形破坏准则相同的结论。基于变形破坏准则，本书作者提出了一种新的边坡失稳判据：当极限坡面曲线与边坡坡面相交于坡脚时判断边坡为极限状态。

　　本书失稳判据的一个关键点是如何计算极限坡面曲线，目前已知有三种方法，分别是 B. B. Sokolovskii 研究得出的有限差分法，I. A. Jeldes 给出的理论简化公式，A. M. Cehkob 根据试验得到的近似公式。本书将以上三种方法与强度折减法结合计算安全系数，通过边坡经典考题的验算，结论为有限差分法最适合本书失稳判据中极限坡面曲线的计算。边界条件对有限差分法的计算有一定影响，粗糙的边界条件得不到理想的计算结果。本书失稳判据有限差分法边界条件为计算步长和步长数，通过边坡经典考题的验算，表明步长数为 999 即可满足计算精度的要求，此时有限差分计算节点数为 100 万，而计算步长只要满足计算的极限坡面曲线最小纵坐标小于 0 的条件即可。敏感性体现了客观事物固有的内在规律，如边坡稳定性分析中，当强度参数黏聚力和摩擦角增大时，边坡稳定性提高，而几何参数坡角和坡高增大时，边坡稳定性降低。本书失稳判据的敏感性分析结论与已有方法一致，能够反映边坡稳定性的内在规律，表明本书失稳判据计算安全系数和最优坡角是可靠的。采用本书失稳判据，对 6 道边坡算例的安全系数进行计算，将结果与已有结论进行了对比分析，表明本书失稳判据给出的边坡状态判断结论是偏于安全的。

　　双折减系数强度折减法相对于单折减系数强度折减法更符合工程实践和试验结论。本书应用失稳判据计算双折减系数，并与传统失稳判据做了对比分析，结果表明：传统失稳判据没有边坡失稳的客观标准，边坡极限状态需要人为主观判断，而本书失稳判据有明确的边坡失稳客观指标，排除了人为因素的影响，更有利于强度折减法的应用。双折减系数强度折减法采用强度折减最短路径法计算配套系数和综合安全系数，其中关键点是如何构建临界曲线（marginal state line）。算例计算结果表明，本书失稳判据构建的临界曲线能够合理地计算配套系数和综合安全系数。当配套系数等于 1 时，双折减系数强度折减法计算结果等同于单折减系数强度折减法计算结果。综合安全系数计算公式对比分析结论与已有研究结果并不一致，基于双折减系数倒数空间的强度储备面积计算公式更简洁可靠，而且与已有极限平衡法和基于传统失稳判据的 FLAC2D7.0/SLOPE 软件计算结果接近。

　　本书计算极限坡面曲线的内容引用了相关文献的观点，相关算例和样本数据也来源于已公开发表的文献，这里对相关专家和学者表示感谢。书中难免有不足之处，希望广大读者批评指正。

方宏伟

2022 年 8 月

目　　录

本书主要符号

c —— 黏聚力

c_1 —— 折减后的黏聚力

φ —— 内摩擦角

φ_1 —— 折减后的内摩擦角

F_i —— 单折减系数

F_{1i} —— 摩擦角折减系数

F_{2i} —— 黏聚力折减系数

k —— 配套系数

FOS —— 安全系数

FOS_a —— 边坡考题 a 安全系数

FOS_b —— 边坡考题 b 安全系数

FOS_1 —— 本书方法计算的安全系数

$\overline{\text{FOS}}$ —— 安全系数均值

x_{11} —— 极限坡面曲线与坡底交点横坐标

$\Delta(x_{11})$ —— 相邻的横坐标差值

h_{cr} —— 拉应力深度

h_{cru} —— 不排水拉应力深度

γ —— 容重

x —— 横坐标

y —— 纵坐标

S_u —— 不排水抗剪强度

f —— 计算 x_{11} 的函数

α —— 坡角

α_i —— 坡角变化值

α_{cr} —— 极限坡角

H —— 坡高

δ —— 安全系数计算误差

Δx —— 计算步长

$\Delta(\Delta x)$ —— 计算步长增量

N_1 ——步长数

P ——极限荷载

P_{min} ——最小极限荷载

y_{min} ——最小纵坐标

x_{min} ——最小横坐标

μ ——两族滑移线交角平均值

σ_1 ——最大主应力

σ_I ——主动区边界特征应力

σ_{III} ——被动区边界特征应力

θ ——最大主应力与 x 轴交角

θ_I ——主动区最大主应力与 x 轴交角

θ_{III} ——被动区最大主应力与 x 轴交角

$\Delta\theta$ ——最大主应力与 x 轴交角差值

σ ——特征应力

M ——两族滑移线待求点

M_b ——极限坡面曲线上的已知点

M_{ij} ——极限坡面曲线上待求点

M_α ——第 α 族滑移线上的点

M_β ——第 β 族滑移线上的点

M'_β ——第 β 族滑移线上的已知点

$x_b, x_{ij}, x_\alpha, x_\beta, x'_\beta$ —— $M_b, M_{ij}, M_\alpha, M_\beta, M'_\beta$ 点上横坐标值

$y_b, y_{ij}, y_\alpha, y_\beta, y'_\beta$ —— $M_b, M_{ij}, M_\alpha, M_\beta, M'_\beta$ 点上纵坐标值

$\theta_b, \theta_{ij}, \theta_\alpha, \theta_\beta, \theta'_\beta$ —— $M_b, M_{ij}, M_\alpha, M_\beta, M'_\beta$ 点上最大主应力与 x 轴交角

$\sigma_b, \sigma_{ij}, \sigma_\alpha, \sigma_\beta, \sigma'_\beta$ —— $M_b, M_{ij}, M_\alpha, M_\beta, M'_\beta$ 点上特征应力

第1章　边坡失稳判据研究的意义

1.1　失稳判据在边坡强度折减法中的应用

边坡稳定性分析包括计算安全系数和搜索临界滑裂面两个方面的内容。安全系数可以写成关于临界滑裂面的函数，求最小安全系数即为求该函数的最小值，该函数具有非凸性和多极值性，前者阻碍了常规数学方法的使用，后者使搜索方法容易陷入局部最小值[1]。近年来发展起来的强度折减法[2]通过不断降低岩土体强度参数，使边坡达到极限平衡状态，从而直接求出滑动面位置与边坡强度储备安全系数，因此成为研究的热点[3]。强度折减法的基本原理是将岩土体的强度参数按式（1.1）以单折减系数折减值 $F_i (i=1,2,\cdots,n)$ 不断进行折减，当边坡濒临失稳状态时，F_i 即为边坡的安全系数。

$$c_1 = \frac{c}{F_i}, \quad \tan\varphi_1 = \frac{\tan\varphi}{F_i} \tag{1.1}$$

式中，c 为黏聚力；φ 为内摩擦角；c_1 为折减后的黏聚力；φ_1 为折减后的内摩擦角。

强度折减法的关键是如何判断边坡在某个折减系数下濒临失稳状态，即失稳判据的确定，这是强度折减法应用于边坡稳定性分析的一个著名难题[4]。目前的失稳判据主要有以下三种准则：①数值计算不收敛准则，当强度折减因子大于临界状态时的折减因子时，不存在一个既能满足静力平衡又能满足静力许可的解，此时有限元计算必定不收敛；②位移突变准则，根据边坡某一特征点处的位移与折减系数之间关系曲线的变化特征确定失稳状态，如当折减系数增大到某一特定值时，特征点的位移突然增大，则认为边坡发生失稳；③贯通准则，通过域内塑性应变区或达到某一幅值的塑性应变区是否连通，来判断边坡是否发生破坏。最早提出强度折减法的 Zienkiewicz 等[2]采用的就是以最大节点位移突变作为边坡失稳评价指标；Tan 等[5]提出坡面位移与折减系数关系曲线的转折点作为失稳判据；Griffiths 等[6]以有限元计算迭代不收敛时，边坡内某点位移与折减系数关系曲线突变作为边坡失稳判据，Liu 等[7]采用该失稳判据对有限元法和极限平衡法分析边坡稳定性做了对比分析；Ugai[8]指定迭代次数为 500，当超过这个限值时边坡破坏；Dawson 等[9]假定当节点不平衡力与外荷载的比值超过 10^{-3} 来确定安全系数；Tan 等[10]、Zheng 等[11]、Tschuchnigg 等[12,13]都以有限元计算迭代不收敛作为失稳判据；Matsui 等[14]以广义剪应变从坡脚到坡顶形成贯通带作为边坡失稳判据。在国内，对该问题的争论比较激烈,如赵尚毅等[15]把有限元计算是否收敛作为边坡失稳判据,认为塑性区从坡脚到坡顶贯通并不一定意味着边坡破坏,塑性区贯通是土体破坏的必要条件但不是充分条件;刘金龙等[16]建议联合采用特征点处位移是否突变和塑性区是否贯通作为边坡的失稳判据,而有限元计算收敛时也不一定表明边坡处于安全状态,不收敛准则不具有广泛适用性。以上两者的观点是相反的,但这两篇文章同时被评为"2009年中国百篇最具影响国内学术论文"[17]。

三种失稳判据确定安全系数具有各自的特点,但是这些方法在分析过程中易受人为因素的影响,存在诸多人为主观因素:①有限元计算收敛性与非线性方程解法、迭代次数、收敛容差有很大关系,因此这一标准缺乏客观性;②特征点位移曲线突变作为失稳判据需要考虑选取哪些监测点为特征点,判断何种位移类型和折减系数的关系曲线更易识别突变点,如何从关系曲线上选取安全系数也没有明确的计算方法;③塑性区贯通是土体破坏的必要条件而非充分条件,塑性区贯通的客观指标很难确定,难以准确把握临界点,目前只能通过人的主观认识去判断,不可避免地会增加人为因素,这种方法在理论上存在不足,在应用上尚有不便之处。国内外边坡失稳判据的研究趋势主要有两个方面:一方面是对三种失稳判据的适用范围和内在关系进行研究,提出联合多种方法来判别边坡是否失稳,如 Jiang 等[18]采用联合特征点处位移突变和塑性区贯通作为失稳判据;另一方面就是不断提出新方法,如 Chang 等[19]定义了强度参数滑移系数,并将该系数取值连线是否贯通作为边坡失稳判据,施建勇等[20]提出以潜在滑动区域能量积分变化作为判据,吴春秋等[21]以滑坡体加速度是否为零判断边坡是否稳定。

由于本书提出的方法不是对已有失稳判据的改进,因此这里只选择代表性的论文对边坡失稳判据相关问题进行简略的阐述。对已有失稳判据更多方法的详细总结与评述见文献[22]、[23]。总的来说,如何在不断降低岩土体强度参数的过程中判断边坡是否达到临界破坏状态一直是比较棘手的问题[24],不同的失稳判据会使对同一问题的计算结果不同,从而影响了这一方法在边坡工程实践中的使用。因此,研究边坡稳定分析强度折减法失稳判据的客观标准十分必要[25]。

在式(1.1)中,强度参数黏聚力 c 和内摩擦角正切值 $\tan\varphi$ 采用单折减系数 F_i 使边坡达到极限状态,即所谓的单折减系数强度折减法。不论是工程实践[26]还是试验观察[27,28]都表明边坡破坏时强度参数具有不同的安全储备。因此,对 c 和 $\tan\varphi$ 采用式(1.2)的不同折减系数的双折减系数强度折减法更加合理[29-38],

$$c_1 = \frac{c}{F_{2i}}, \quad \tan\varphi_1 = \frac{\tan\varphi}{F_{1i}} \tag{1.2}$$

式中,F_{2i} 为黏聚力折减系数;F_{1i} 为摩擦角折减系数。

采用双折减系数强度折减法评价边坡稳定性时,除了需要研究上述的失稳判据以外,还需要解决两个问题[39-41]:第一个是 c 的折减系数 F_{2i} 和 $\tan\varphi$ 的折减系

数 F_{1i} 的比例取值原则，即如何确定配套系数 $k=F_{2i}/F_{1i}$；第二个是边坡达到极限平衡状态时，存在两个折减系数 F_{2i} 和 F_{1i}，即如何确定边坡综合安全系数。对于第一个问题，Isakov 等[42]提出的强度折减最短路径法可以求得配套系数，而且符合潘家铮原理，因此更加合理和具有实用性；对于第二个问题，目前综合安全系数求解公式尚无统一的认识。

强度折减最短路径法先假设不同的配套系数，采用强度折减概念计算每个假设的配套系数对应的极限状态双折减系数，在此过程中，每个假设配套系数都需要一次强度折减法的计算，最后构建临界状态曲线求解最优配套系数和综合安全系数，因此临界曲线的构建对计算结果具有重要影响。当配套系数 $k=1$ 时，即为单折减系数强度折减法，即 $F_{2i}=F_{1i}$，因此单折减系数强度折减法只是双折减系数强度折减法的一种特例。

1.2 失稳判据在边坡优化设计中的应用

边坡优化设计在工程实践中具有重要的研究意义，尤其是在露天矿工程中，边坡优化设计得到的最终边坡角对矿山的生产安全和经济效益产生重大影响[43]。研究表明，数值模拟方法和极限平衡方法相结合是进行边坡优化的一条合理有效途径，该方法可为矿山提出安全、经济、切实可行的边坡设计方案。文献[44]采用有限差分法、离散单元法和极限平衡分析法相结合的方法，进行矿山高陡边坡稳定性的系统分析研究和边坡优化设计，使总体边坡角增大。基于边坡实例样本统计的人工神经网络理论[45]在预测露天矿边坡优化设计中也得到了应用，取得了良好的效果。

朱乃龙等[46]基于弹性力学原理推导出的边坡处于临界下滑状态时深度与边坡水平曲率半径之间的微分方程表达式[47]，可以得到深凹边坡的极限边坡角与岩体的内摩擦角、内黏聚力、容重及边坡的水平半径之间的联系关系式，该式表明了深凹边坡的稳定性边坡角可随着开挖深度增加而增大的空间力学原理，为采用减少深凹露天矿底部废石剥离量的凸曲线形边坡奠定了理论基础，而凸曲线形边坡的采用将减少废石剥离量，会带来巨大的经济效益。空间力学原理为确定其边坡的合理形状提供了初步方法，该理论[48]包含了传统边坡稳定性分析的原理。文献[49]介绍了确定深凹露天矿边帮合理形状的乌兹别克斯坦共和国的专利，限于篇幅，更多的国内外相关技术方法介绍读者可参见文献[50]~[62]。总的来说，问题的关键还是如何判断边坡处于极限状态[63]。这与上节所述的失稳判据问题的研究是一致的，也就是说，强度折减法中的失稳判据方法可以用来优化边坡设计，确定露天矿边坡的极限坡角。

1.3　本书提出的失稳判据

滑移线场理论[64,65]可以求得边坡极限平衡状态下的坡面曲线（本书简称极限坡面曲线）。本书作者在应用滑移线场理论分析边坡稳定性时，发现极限坡面曲线与边坡坡面线的相对位置关系可用来判断边坡稳定性，表现为当安全系数 FOS＜1 时，即边坡破坏时，边坡坡面线与极限坡面曲线相交，反之当 FOS＞1 时，即边坡稳定时，边坡坡面线与极限坡面曲线相离。基于这一客观规律作者提出了边坡稳定性极限曲线法，见图 1.1 和图 1.2，并分别于 2014 年、2015 年、2017 年发表了相关学术成果[66-68]。极限曲线法的核心思想是失稳变形破坏准则：通过极限坡面曲线（即图 1.1 和图 1.2 中的极限稳定坡面）与原坡面的相对位置关系判断边坡稳定性，由极限坡面曲线与边坡坡底交点横坐标 x_{11} 的正负判断两者位置关系，当极限坡面曲线与原坡面在坡底不相交时，即 $x_{11}>0$ 时，判断边坡为稳定状态，当两者相交时，即 $x_{11}<0$ 时，判断边坡为失稳状态。

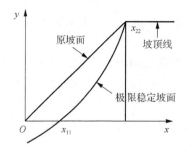
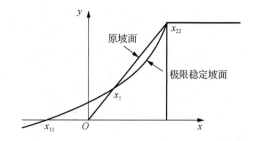

图 1.1　变形破坏准则判断边坡稳定状态[66]　　图 1.2　变形破坏准则判断边坡破坏状态[66]

强度折减法将岩土体的强度参数即黏聚力 c 和内摩擦角正切值 $\tan\varphi$ 按式（1.1）或式（1.2）进行折减，将折减后的黏聚力 c_1 和内摩擦角 φ_1 输入到滑移线场理论计算极限坡面曲线。当折减系数变化时，得到不同的 c_1 和 φ_1，计算的极限坡面曲线将发生变化，与原坡面相对位置关系也会发生变化，因此 x_{11} 会发生变化。基于极限曲线法的失稳变形破坏准则，本书作者推导出了一种判断边坡稳定性强度折减法的失稳判据，见图 1.3。当两者相交于坡脚，即 $x_{11}=0$ 时，判断边坡为极限状态，而当 $x_{11}>0$ 或 $x_{11}<0$ 时，依然判断边坡为稳定或失稳状态，综合对比见图 1.4。基于该失稳判据，本书作者发表了三篇论文，分别探讨了该失稳判据在水平成层边坡和均质边坡单折减系数强度折减法[69,70]，以及均质边坡双折减系数强度折减法中的应用[71]，同时申请了两项国家专利[72,73]。

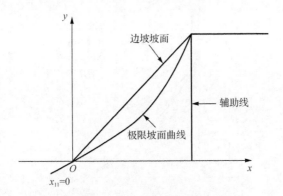

图 1.3　本书失稳判据判断边坡极限状态

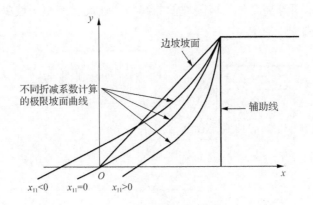

图 1.4　三种状态对比分析

2015 年,美国学者 Jeldes 等[74]发表了基于滑移线场理论的凹形边坡设计论文,提出了临界坡面的概念(见图 1.5),图中 γ 为容重,x 和 y 表示横纵坐标,S_{ui}(i=1,2,3,4)表示不同的不排水抗剪强度,大小顺序为 $S_{u4}>S_{u3}>S_{u2}>S_{u1}$,随着 S_u 的增大,不排水条件下计算的极限坡面曲线的坡度越来越大(图中由编号①②③④表示对应的极限坡面曲线)。当由排水条件下计算的极限坡面曲线坡度大于极限坡面曲线①②③坡度时,排水条件下的极限坡面曲线处于不稳定状态,反之,当由排水条件下计算的极限坡面曲线坡度小于极限坡面曲线④坡度时,排水条件下的极限坡面曲线处于稳定状态。

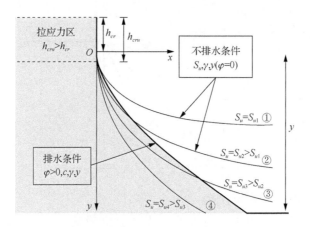

图 1.5　临界坡面（critical slope）[74]的概念

　　图 1.6 表示同等高度下的极限坡面曲线与边坡坡面相交于坡脚时，两者具有相同的安全系数。

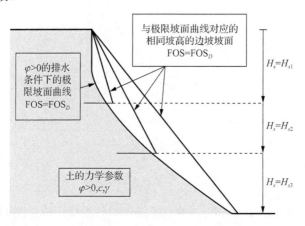

图 1.6　极限坡面曲线与相同安全系数的边坡坡面[74]

　　本书作者对临界坡面概念做了简化和推广，也推导出了极限曲线法中的失稳变形破坏准则，并发表了相关学术论文[75,76]，见图 1.7 和图 1.8。在图 1.7 中，极限坡面曲线与边坡坡面相交于坡脚时，既可以表示两者具有相同的安全系数，也可以表示某个强度折减系数下边坡处于极限状态，此时强度折减系数等于安全系数。图 1.8 中虚线表示图 1.7 中的极限坡面曲线，而由式（1.1）或式（1.2）计算的 c_1 和 φ_1 确定的极限坡面曲线③坡度大于虚线，表示虚线对应的边坡处于稳定状态，由式（1.1）或式（1.2）计算的 c_1 和 φ_1 确定的极限坡面曲线①和②坡度小于虚线，表示虚线对应的边坡处于破坏状态。

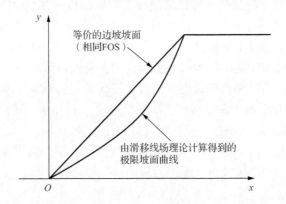

图 1.7 临界坡面概念的简化与推广[75,76]：极限坡面曲线与边坡安全系数相同

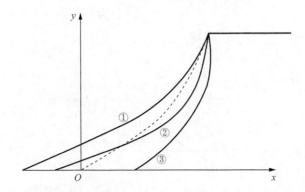

图 1.8 临界坡面概念的简化与推广[75,76]：极限坡面曲线判断边坡状态

实际上，如果将图 1.7 和图 1.8 结合在一起就可以得到图 1.4，即由极限坡面曲线的概念[66-68]和临界坡面的概念[74]都可以推导出本书的失稳判据，公式表达为

$$x_{11} = f\left(\gamma, \frac{c}{F_{2i}}, \arctan\left(\frac{\tan\varphi}{F_{1i}}\right), \alpha, H\right) \qquad (1.3)$$

式中，γ、c、φ、α、H 分别表示容重、黏聚力、内摩擦角、坡角、坡高；函数 f 表示极限坡面曲线与坡底交点横坐标 x_{11} 的计算方法。当 $F_{2i} = F_{1i}$ 时为单折减系数强度折减法，当 $F_{2i} \neq F_{1i}$ 时为双折减系数强度折减法。当 $x_{11} > 0$ 时判断边坡为稳定状态，当 $x_{11} = 0$ 时判断边坡为极限状态，当 $x_{11} < 0$ 时判断边坡为失稳状态。

这里还要说明的是：文献[70]应用基于极限曲线法的本书失稳判据对边坡标准考题[77]进行计算，并与传统失稳判据进行对比分析；文献[75]应用基于临界坡面概念的本书失稳判据对已有文献[6,13,78]的算例进行计算，除了与传统失稳判据对比以外，还与其他方法如基于位移有限元的强度折减法、基于 Davis 算法的强度折减法、有限元极限分析法的计算结果进行了对比分析；文献[71]应用基于极限曲线法分析了双折减系数强度折减法中综合安全系数的计算；文献[76]应用基于临界坡面概念分析了综合安全系数，还对配套系数取值合理性问题进行了分析。总之，已有学术成果初步证明了本书失稳判据的正确性和可行性。

本书提出的失稳判据也可以推广到边坡极限坡角的计算，本书作者发表了相关学术论文[79]，并申请了国家专利[80]，核心概念见图1.9～图1.11，边坡坡角大小顺序为$\alpha_1<\alpha_2<\alpha_3$。由本书的失稳判据可以得出结论，即$\alpha_1$和$\alpha_3$对应的边坡为稳定状态和破坏状态，而$\alpha_2$对应的边坡为极限状态，$\alpha_2$即为极限坡角，由此可以求得一系列坡高对应的极限坡角，实现边坡的优化设计，公式表达为

$$x_{11} = f(\gamma,c,\varphi,\alpha_i,H) \tag{1.4}$$

式中，α_i表示不同的坡角，$i=1,2,\cdots,n$，其余符号的含义同前。

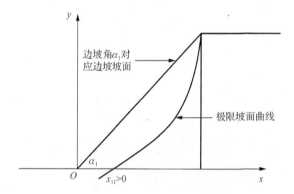

图1.9　本书的失稳判据确定极限坡角[79]（稳定状态）

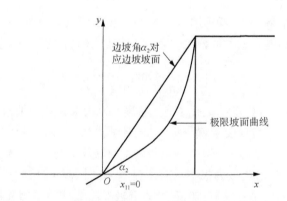

图1.10　本书的失稳判据确定极限坡角[79]（极限状态）

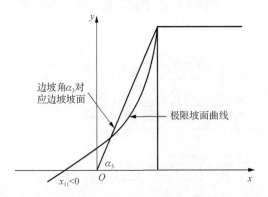

图 1.11　本书的失稳判据确定极限坡角[79]（破坏状态）

在作者的学术成果基础上[69-73,75,76,79,80]，本书主要研究内容有：①由以上分析可知，本书失稳判据的一个关键点就是计算极限坡面曲线，目前的极限坡面曲线计算方法包括有限差分法[64,65]、理论简化公式[81]、试验近似公式[82]三种方法，本书选择边坡标准考题[77]对三种方法做了对比分析；②边界条件对有限差分法等数值计算具有重要影响，在已有结论基础上，本书研究计算步长和步长数对失稳判据的评价标准（即 $x_{11}=0$）和安全系数的影响；③敏感性体现了事物的客观规律，比如强度参数黏聚力 c 和内摩擦角 φ 变大时，边坡的安全系数一定变大，本书分析了提出的失稳判据的敏感性，除了边坡强度参数以外，还对边坡几何参数即坡高和坡角进行了敏感性分析；④在与传统失稳判据对比时，本书侧重于双折减系数强度折减法的应用，对综合安全系数计算公式做了进一步的探讨，得出了与已有结论不一样的结果；⑤在文献[79]研究成果基础上，对边坡优化设计给出了更详细的求解过程。本书失稳判据结合强度折减法计算安全系数（factor of safty，FOS）和确定边坡极限坡角（limit slope angle，LSA）的简化流程图见图 1.12 和图 1.13，详细计算流程可参见本书作者的相关学术成果。

本书失稳判据的证明过程为：当折减系数 F_i（$i=1,2,\cdots,n$）增大，强度参数 c 和 φ 减小，极限坡面曲线与坡底的交点 x_{11} 由正值变为负值，当 $x_{11}=0$ 定义边坡为极限状态，也就是对图 1.3、图 1.7 及图 1.10 的证明。限于篇幅，本书只选择 $i=1,2,3$ 对应的折减系数表示稳定、极限、破坏三种状态，此时单折减系数为 F_1、F_2、F_3，极限状态对应的安全系数 $\text{FOS}_1=F_2$，双折减系数为 F_{11}、F_{12}、F_{13} 和 F_{21}、F_{22}、F_{23}，极限状态对应的双折减系数为 $F_{1\text{crit}}^{*}=F_{12}$，$F_{2\text{crit}}^{*}=F_{22}$，双折减系数强度折减法综合安全系数计算公式将在第 6 章具体讨论。要说明的是，尽管本书以 $x_{11}=0$ 作为极限状态的判断标准，但实际计算时，只要 x_{11} 趋近于 0 时便可判断边坡为极限状态，取值原则为当坡高较大时，小数点后一位为 0 即可，而当坡高较小时，个位数为 0 即可。

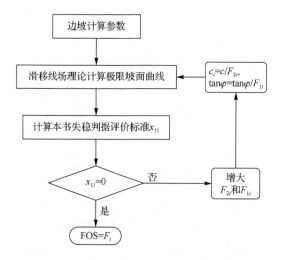

图 1.12　本书失稳判据结合强度折减法计算安全系数简化流程图

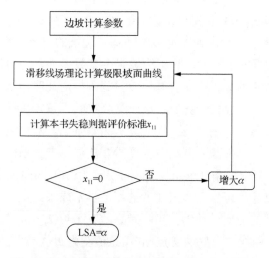

图 1.13　本书失稳判据确定极限坡角简化流程图

第2章 极限坡面曲线的计算

本章首先简要介绍基于滑移线场理论的极限坡面曲线计算方法，包括有限差分法、理论简化公式、试验近似公式三种方法，然后将三种方法与强度折减法结合计算安全系数，通过与经典考题的验算，对比分析哪种方法更适合本书失稳判据计算极限坡面曲线。

2.1 极限坡面曲线的三种计算方法

2.1.1 有限差分法计算极限坡面曲线

假设边坡介质体只受重力作用，采用滑移线场理论可求解出两族不同的滑移线方程：

$$\begin{cases} \dfrac{\mathrm{d}y}{\mathrm{d}x} = \tan(\theta - \mu) \\ \mathrm{d}\sigma - 2\sigma \cdot \tan\varphi \cdot \mathrm{d}\theta = \gamma(\mathrm{d}y - \tan\varphi \cdot \mathrm{d}x) \end{cases} \tag{2.1}$$

$$\begin{cases} \dfrac{\mathrm{d}y}{\mathrm{d}x} = \tan(\theta + \mu) \\ \mathrm{d}\sigma + 2\sigma \cdot \tan\varphi \cdot \mathrm{d}\theta = \gamma(\mathrm{d}y + \tan\varphi \cdot \mathrm{d}x) \end{cases} \tag{2.2}$$

式中，θ 为最大主应力 σ_1 与 x 轴交角；$\mu = \pi/4 - \varphi/2$ 为两族滑移线交角平均值；γ 为容重。

对式（2.1）和式（2.2）采用差分法近似求解，可得如下公式：

$$\begin{cases} \dfrac{y - y_\alpha}{x - x_\alpha} = \tan(\theta_\alpha - \mu) \\ (\sigma - \sigma_\alpha) - 2\sigma_\alpha \cdot (\theta - \theta_\alpha) \cdot \tan\varphi = \gamma[(y - y_\alpha) - (x - x_\alpha)\tan\varphi] \end{cases} \tag{2.3}$$

$$\begin{cases} \dfrac{y - y_\beta}{x - x_\beta} = \tan(\theta_\beta + \mu) \\ (\sigma - \sigma_\beta) + 2\sigma_\beta \cdot (\theta - \theta_\beta) \cdot \tan\varphi = \gamma[(y - y_\beta) + (x - x_\beta)\tan\varphi] \end{cases} \tag{2.4}$$

式中，$M_\alpha(x_\alpha, y_\alpha, \theta_\alpha, \sigma_\alpha)$ 为第 α 族上的点；$M_\beta(x_\beta, y_\beta, \theta_\beta, \sigma_\beta)$ 为第 β 族上的点。由式（2.3）和式（2.4）联立计算滑移线上的待求点 $M(x, y, \theta, \sigma)$，其中(x, y)为坐标值，σ 为特征应力，公式为

$$\begin{cases} x = \dfrac{x_\alpha \cdot \tan(\theta_\alpha - \mu) - x_\beta \cdot \tan(\theta_\beta + \mu) - (y_\alpha - y_\beta)}{\tan(\theta_\alpha - \mu) - \tan(\theta_\beta + \mu)} \\[2mm] \begin{cases} y = (x - x_\alpha) \cdot \tan(\theta_\alpha - \mu) + y_\alpha \\ y = (x - x_\beta) \cdot \tan(\theta_\beta + \mu) + y_\beta \end{cases} \\[3mm] \theta = \dfrac{(\sigma_\beta - \sigma_\alpha) + 2(\sigma_\beta \theta_\beta + \sigma_\alpha \theta_\alpha) \cdot \tan\varphi + \gamma[(y_\alpha - y_\beta) + (2x - x_\alpha - x_\beta) \cdot \tan\varphi]}{2(\sigma_\beta + \sigma_\alpha) \cdot \tan\varphi} \\[3mm] \begin{cases} \sigma = \sigma_\alpha + 2\sigma_\alpha(\theta - \theta_\alpha) \cdot \tan\varphi + \gamma[(y - y_\alpha) - (x - x_\alpha) \cdot \tan\varphi] \\ \sigma = \sigma_\beta - 2\sigma_\beta(\theta - \theta_\beta) \cdot \tan\varphi + \gamma[(y - y_\beta) + (x - x_\beta) \cdot \tan\varphi] \end{cases} \end{cases} \quad (2.5)$$

极限坡面曲线微分方程为 $\dfrac{\mathrm{d}y}{\mathrm{d}x} = \tan\theta$，式中，$\theta = \pi - \alpha$，其中 α 为边坡角，与第 β 族滑移线方程联立可求解极限坡面曲线坐标点 $M_{ij}(x_{ij}, y_{ij}, \theta_{ij}, \sigma_{ij})$：

$$\begin{cases} x_{ij} = \dfrac{x_b \cdot \tan\theta_b - x'_\beta \cdot \tan(\theta'_\beta + \mu) + (y'_\beta - y_b)}{\tan\theta_b - \tan(\theta'_\beta + \mu)} \\[2mm] \begin{cases} y_{ij} = (x_{ij} - x_b) \cdot \tan\theta_b + y_b \\ y_{ij} = (x_{ij} - x_\beta) \cdot \tan(\theta'_\beta + \mu) + y'_\beta \end{cases} \\[3mm] \theta_{ij} = \dfrac{(\sigma'_\beta - \sigma_b) + 2(\sigma'_\beta \theta'_\beta + \sigma_b \theta_b) \cdot \tan\varphi + \gamma[(y_b - y'_\beta) + (2x_{ij} - x_b - x'_\beta) \cdot \tan\varphi]}{2(\sigma'_\beta + \sigma_b) \cdot \tan\varphi} \\[3mm] \sigma_{ij} = \dfrac{c \cdot \cot\varphi}{1 - \sin\varphi} \end{cases}$$

$$(2.6)$$

式中，$M_b(x_b, y_b, \theta_b, \sigma_b)$为极限坡面曲线上已知点；$M'_\beta(x'_\beta, y'_\beta, \theta'_\beta, \sigma'_\beta)$为第 β 族滑移线上已知点。

有限差分法的边界条件见图 2.1，简述如下。

（1）主动区 O_1AB 边界条件：主动区第 α、β 族已知计算点在坡顶线 O_1A 上，横坐标 $x = \Delta x \cdot i$，Δx 为计算步长，该数值越小有限差分计算越精确，i 为自然数，$i = 0 \sim N_1$，N_1 为步长数（图 2.1 中的 $N_1 = 3$），主动区边界最大主应力与 x 轴交角 $\theta_1 = \dfrac{\pi}{2}$，主动区边界特征应力 $\sigma_1 = \dfrac{P}{1 + \sin\varphi}$，$P$ 为坡顶极限荷载，滑移线交点计算公式为（2.5）。

（2）被动区 O_1CD 边界条件：被动区滑移线交点计算公式为（2.5），而极限

坡面曲线，即 O_1D 线采用公式（2.6）计算，M_b 第一个已知点就是坡顶点数值，

$$\theta_b = \theta_{\mathrm{III}} = \frac{\pi}{2} + \frac{1}{2}\cot\varphi \cdot \ln\left[\frac{P \cdot (1 - \sin\varphi)}{c \cdot \cot\varphi \cdot (1 + \sin\varphi)}\right], \quad \sigma_b = \sigma_{\mathrm{III}} = \frac{c \cdot \cot\varphi}{1 - \sin\varphi}。$$

（3）过渡区 O_1BC 边界条件：过渡区滑移线交点计算依然采用式（2.5），而过渡区边界点 O_1 的特征应力为 $\sigma_i = \dfrac{P \cdot \exp[(\pi - 2\theta_i) \cdot \tan\varphi]}{1 + \sin\varphi}$，其中 $\theta_i = \theta_{\mathrm{I}} + k\dfrac{\Delta\theta}{N_2}$，

$k = 0 \sim N_2$，$\Delta\theta = \theta_{\mathrm{III}} - \theta_{\mathrm{I}}$，$N_2$ 为过渡区点剖分数，为满足 $\Delta\theta \geqslant 0$，则必须 $\theta_{\mathrm{III}} \geqslant \dfrac{\pi}{2}$，

因此坡顶极限荷载最小值 $P_{\min} = \dfrac{c \cdot \cot\varphi \cdot (1 + \sin\varphi)}{1 - \sin\varphi}$。当边坡算例无外荷载时，对边

坡坡顶施加 $P_{\min}$，此时 $\theta_{\mathrm{III}} = \dfrac{\pi}{2}$，即 $\Delta\theta = 0$，取 $N_2 = 0$。因此，采用有限差分法计算极限坡面曲线的边界条件为计算步长 Δx 和步长数 N_1。图 2.1 中的 $(x_{\min}, y_{\min})$ 为坐标点最小值，为求得极限坡面曲线与 x 轴交点 x_{11}，应满足 $y_{\min} < 0$。采用有限差分法计算极限坡面曲线的安全系数程序见附录 A。

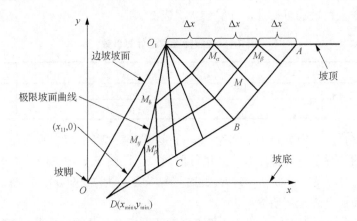

图 2.1　有限差分法计算极限坡面曲线简图

2.1.2　理论简化公式计算极限坡面曲线

基于 Sokolovskii[64]的研究成果，美国学者 Jeldes 等[81]提出了计算极限坡面曲线的简化公式，如下：

$$x = A\left[\gamma \cdot y(B - 1)\left(\frac{1}{\sin\varphi} - 1\right) + c\cot\varphi B\left(\frac{1}{\sin\varphi} + 1\right)\right] \quad (2.7)$$

式中，$A = \dfrac{\cos\varphi}{2\gamma(1 - \sin\varphi)}$；$B = \ln\left(\dfrac{\gamma \cdot y}{c\cot\varphi}\dfrac{1 - \sin\varphi}{1 + \sin\varphi} + 1\right)$；其余符号的含义同前。

采用理论简化公式计算极限坡面曲线的安全系数程序见附录 B。

2.1.3　试验近似公式计算极限坡面曲线

Cehxob 根据 Sokolovskii[64]的理论进行了极限稳定边坡的试验[82]，得出了均质土体只考虑自重时的极限坡面曲线近似公式：

$$y = a\left(\frac{\pi}{2} - e^m\right) - x \tan\varphi \tag{2.8}$$

式中，$m = \dfrac{x}{a}$；$a = \dfrac{2c}{\gamma} \cdot \dfrac{1+\sin\varphi}{1-\sin\varphi}$；其余符号的含义同前。

采用试验近似公式计算极限坡面曲线的安全系数程序见附录 C。

2.2　三种方法对比分析

本书选择澳大利亚计算机应用协会两道边坡标准考题 a 和 b[77]验证以上三种方法计算安全系数的可行性，计算参数见表 2.1。

表 2.1　边坡标准考题计算参数

考题	$\gamma/(kN/m^3)$	c /kPa	$\varphi/(\degree)$	$\alpha/(\degree)$	H/m
a	20	3	19.6	26.6	10
b	20	32	10	26.6	10

为求得极限坡面曲线与 x 轴交点 x_{11}，这里先对 2.1.1 节中有限差分计算极限坡面曲线的边界条件计算步长 Δx 进行假设，保证图 2.1 中的坐标点最小值(x_{min}, y_{min})的 $y_{min} < 0$，设步长数 $N_1 = 999$，此时计算节点数为 1000000。这两个边界条件在下一章中还会进一步研究。

有限差分法极限坡面曲线的失稳判据对两道标准考题的计算见图 2.2～图 2.7。对考题 a 假设 $\Delta x = 0.0033$，对考题 b 假设 $\Delta x = 0.015$，分析可知：对考题 a，$F_1 = 0.85$ 时 $x_{11} = 4.0426 > 0$，$F_2 = 1.02$ 时 $x_{11} = 0.0126 \approx 0$，$F_3 = 1.15$ 时 $x_{11} = -3.2538 < 0$；对考题 b，$F_1 = 1.0$ 时 $x_{11} = 8.1869 > 0$，$F_2 = 1.31$ 时 $x_{11} = 0.0527 \approx 0$，$F_3 = 1.5$ 时 $x_{11} = -5.686 < 0$。由此可见，随着折减系数 F_i 的增大，x_{11} 由正值变为负值，当 $x_{11} \approx 0$ 时，由本书失稳判据得到两道标准考题的安全系数分别为 $FOS_{1a} = F_2 = 1.02$ 和 $FOS_{1b} = F_2 = 1.31$。要说明的是，x_{11} 计算时不可能绝对等于 0，这里只要 x_{11} 近似为 0，即可认为满足本书失稳判据判断边坡处于极限状态的条件。

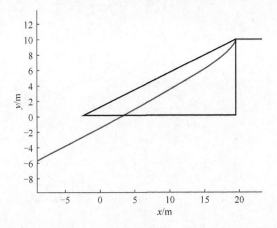

图 2.2　对考题 a 的有限差分法失稳判据计算安全系数：当 F_1 =0.85 时，x_{11}=4.0426

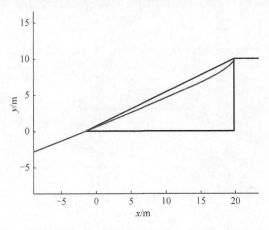

图 2.3　对考题 a 的有限差分法失稳判据计算安全系数：当 F_2 =1.02 时，x_{11}=0.049

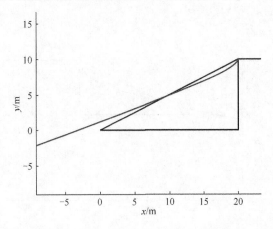

图 2.4　对考题 a 的有限差分法失稳判据计算安全系数：当 F_3=1.15 时，x_{11}=-3.2538

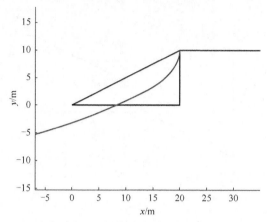

图 2.5　对考题 b 的有限差分法失稳判据计算安全系数：当 F_1=1.0 时，x_{11}=8.1869

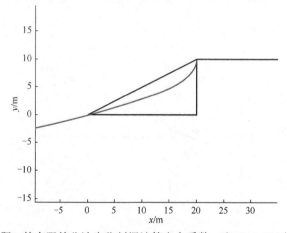

图 2.6　对考题 b 的有限差分法失稳判据计算安全系数：当 F_2=1.31 时，x_{11}=0.0527

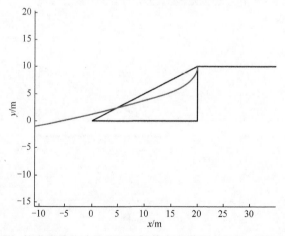

图 2.7　对考题 b 的有限差分法失稳判据计算安全系数：当 F_3=1.5 时，x_{11}=-5.686

理论简化公式和试验近似公式计算极限坡面曲线的失稳判据对两道标准考题的计算分别见图 2.8~图 2.13 和图 2.14~图 2.19。可以发现与有限差分法具有相同的规律，即随着折减系数 F_i 的增大，x_{11} 由正值变为负值。根据本书失稳判据，理论简化公式对考题 a 和 b 的安全系数计算结果分别为 0.85 和 1.95，试验近似公式对考题 a 和 b 的安全系数计算结果分别为 0.82 和 1.05。

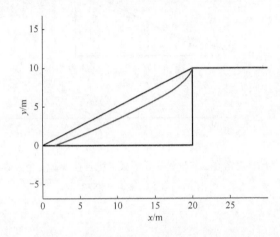

图 2.8　对考题 a 的理论简化公式失稳判据计算安全系数：
当 F_1=0.8 时，x_{11}=1.5612

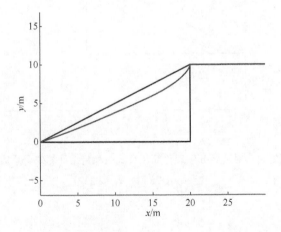

图 2.9　对考题 a 的理论简化公式失稳判据计算安全系数：
当 F_2=0.85 时，x_{11}=-0.0276

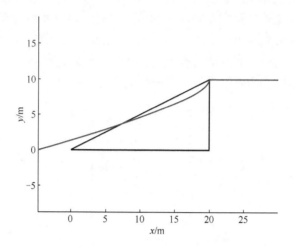

图 2.10　对考题 a 的理论简化公式失稳判据计算安全系数：
当 F_3=1.0 时，x_{11}= -4.8331

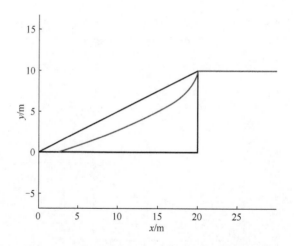

图 2.11　对考题 b 的理论简化公式失稳判据计算安全系数：
当 F_1 =1.75 时，x_{11}=2.3327

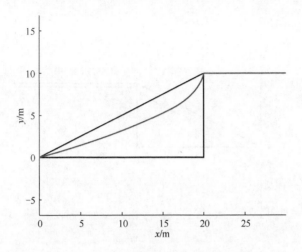

图 2.12　对考题 b 的理论简化公式失稳判据计算安全系数：
当 F_2=1.95 时，x_{11}= -0.0118

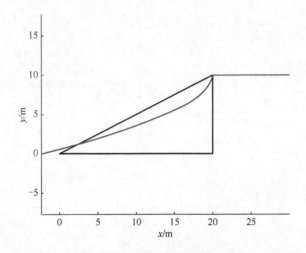

图 2.13　对考题 b 的理论简化公式失稳判据计算安全系数：
当 F_3=2.15 时，x_{11}= -2.36

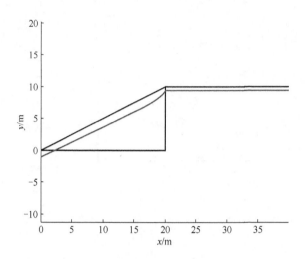

图 2.14　对考题 a 的试验近似公式失稳判据计算安全系数：
当 F_1 =0.75 时，x_{11}=2.2182

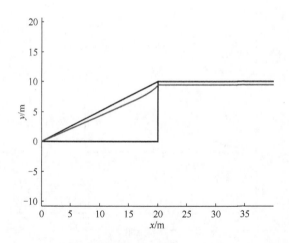

图 2.15　对考题 a 的试验近似公式失稳判据计算安全系数：
当 F_2=0.82 时，x_{11}=0.0168

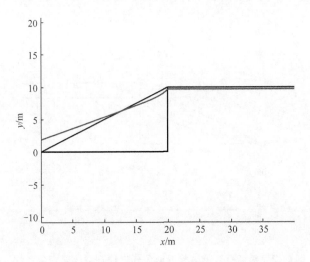

图 2.16　对考题 a 的试验近似公式失稳判据计算安全系数：
当 F_3=1.0 时，x_{11}= −5.4543

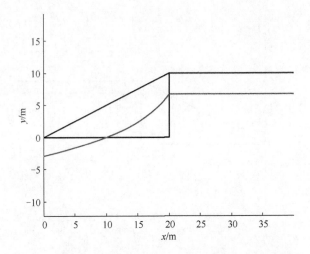

图 2.17　对考题 b 的试验近似公式失稳判据计算安全系数：
当 F_1 =0.85 时，x_{11}=10.033

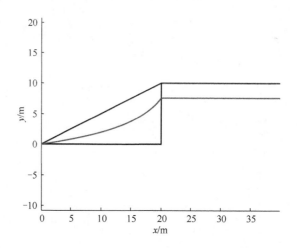

图 2.18　对考题 b 的试验近似公式失稳判据计算安全系数：
当 F_2=1.05 时，x_{11}=0.0109

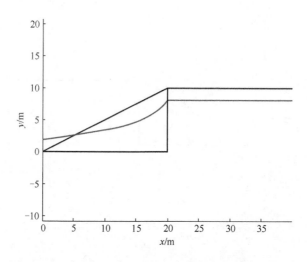

图 2.19　对考题 b 的试验近似公式失稳判据计算安全系数：
当 F_3=1.25 时，x_{11}=-12.8715

安全系数 FOS 计算值与标准答案对比见表 2.2。分析可知，有限差分法安全系数计算结果与标准答案最接近，而其他两种方法不是偏小就是偏大，例如：考题 a 的标准答案 FOS$_a$=[0.99,1]，有限差分法误差为(1.96～2.94)%，理论简化公式误差为(14.14～15)%，试验近似公式误差为(17.17～18)%；考题 b 的标准答案 FOS$_b$=[1.5,1.7]，有限差分法误差为(12.67～22.94)%，理论简化公式误差为(12.82～

23.07)%，试验近似公式误差为(30～38.23)%。对比分析，对考题 a，本书采用有限差分法计算极限坡面曲线的失稳判据相对误差较小，可以满足计算精度的要求；对考题 b，尽管理论简化公式和有限差分法误差接近，但理论简化公式计算的安全系数 1.95 比标准答案 1.5～1.7 大，是偏于不安全的，而有限差分法计算结果为1.31，小于标准答案，是偏于安全的。因此，这里认为有限差分法计算结果更符合要求。

表 2.2　边坡标准考题安全系数 FOS 对比

考题	标准答案	有限差分法	理论简化公式	试验近似公式
a	0.99～1	1.02	0.85	0.82
b	1.5～1.7	1.31	1.95	1.05

第 3 章　边界条件的研究

3.1　边界条件计算因素

边界条件对数值计算方法具有重要影响，不合理的边界条件得不到准确的计算结果。本书失稳判据采用有限差分法计算极限坡面曲线，因此本章对边界条件做系统全面的分析，并给出合理的取值条件。由 2.1.1 节可知，有限差分法计算极限坡面曲线的边界条件，包括计算步长 Δx 和步长数 N_1。由于本书失稳判据结合强度折减法计算安全系数，因此本书失稳判据的边界条件除了以上两个条件以外，还有折减系数增量 ΔF。

在 2.2 节中，对计算步长 Δx 采用试算的方法，同时设定 N_1=999，得到了可靠的计算结果。在文献[70]、[75]中，作者对这两个边界条件做了初步分析，见表 3.1 和表 3.2，已有结论如下：①分析表 3.1 可知[70]，对边坡标准考题 a[77]，在设定 N_1=999 的情况下，假设折减系数增量 ΔF 分别为 0.01 和 0.001，Δx 的增量 $\Delta(\Delta x)$ 逐步减小，安全系数分别收敛于 1.02 和 1.014，与标准答案 0.99～1.0 相差很小；②分析表 3.2 可知[75]，对边坡算例[74]，在满足极限坡面曲线上点纵坐标最小值 $y_{\min}$<0 的情况下，设定折减系数增量 ΔF 为 0.01，随着步长数 N_1 由 500 增大为 999，计算步长 Δx 逐渐减小，安全系数收敛于 1.5，与文献[74]给出的参考答案 1.5 一致。由以上分析可知，折减系数增量 ΔF 为 0.01 满足安全系数的计算精度的要求，因此下文不再对边界条件 ΔF 进行分析。

表 3.1　计算步长 Δx 对安全系数 FOS 的影响[70]

	$\Delta(\Delta x)$				
	0.01	0.005	0.001	0.0005	0.0001
ΔF=0.01	1.05	1.03	1.02	1.02	1.02
ΔF=0.001	1.048	1.026	1.016	1.016	1.014

表 3.2　步长数 N_1 对计算步长 Δx 和安全系数 FOS 的影响[75]

	N_1					
	500	600	700	800	900	999
Δx	0.012	0.01	0.008	0.007	0.007	0.006
FOS	1.51	1.51	1.5	1.5	1.5	1.5

3.2　边界条件对计算结果的影响

3.2.1　边界条件对失稳判据评价标准的影响

本书提出的失稳判据计算安全系数的标准为 $x_{11}=0$，因此 x_{11} 为本书失稳判据的评价标准，边界条件为 Δx 和 N_1。同上节，这里仍然采用边坡标准考题 a 和 b[77] 进行验算。

首先研究 Δx 不变而 N_1 变化时 x_{11} 的计算，见表 3.3 和表 3.4。对考题 a，分别假设计算步长 Δx 为 0.01 和 0.005，此时步长数 N_1 分别由 250 增大为 550 和由 500增大为 800。可知当 $y_{min}>0$ 时，N_1 变化时 x_{11} 计算值发生变化，例如对 $\Delta x=0.01$，当 $N_1=250$ 时 $y_{min}=3.302$，$x_{11}=1.1269$，而当 $y_{min}\leqslant 0$ 时，N_1 变化对 x_{11} 计算值无影响，例如当 $N_1=300\sim 550$ 时，$x_{11}=1.1095$ 为不变值；对 $\Delta x=0.005$，当 $N_1=500$ 时 $y_{min}=2.9024$，$x_{11}=0.6165$，而当 $y_{min}<0$ 时，N_1 变化对 x_{11} 计算值无影响，例如当 $N_1=600\sim 800$ 时，$x_{11}=0.6077$ 为不变值。考题 b 具有同样的规律，当 $y_{min}<0$ 时，N_1 变化对 x_{11} 计算值无影响，例如计算步长 Δx 为 0.05 和 0.02 时，x_{11} 为 8.4664 和8.2272，是不变值。因此计算时务必要求 $y_{min}<0$。原因是 x_{11} 由极限坡面曲线和边坡坡底线相交得到，只有当 $y_{min}<0$ 时，两者才会有交点，才能计算出准确的 x_{11}值，而当 $y_{min}>0$ 时，是由拟合后的极限坡面曲线与坡底交点计算 x_{11} 值，由于拟合振荡，因此 x_{11} 值不稳定。

表 3.3　考题 a 中 N_1 对失稳判据评价标准 x_{11} 的影响

$\Delta x=0.01$			$\Delta x=0.005$		
N_1	y_{min}	x_{11}	N_1	y_{min}	x_{11}
250	3.302	1.1269	500	2.9024	0.6165
300	0.5664	1.1095	550	1.4559	0.6081
350	−2.8345	1.1095	600	−0.1935	0.6077
400	−6.9658	1.1095	650	−2.0626	0.6077
450	−11.8837	1.1095	700	−4.1686	0.6077
500	−17.6356	1.1095	750	−6.5277	0.6077
550	−24.261	1.1095	800	−9.156	0.6077

表 3.4　考题 b 中 N_1 对失稳判据评价标准 x_{11} 的影响

$\Delta x=0.05$			$\Delta x=0.02$		
N_1	$y_{\min}$	x_{11}	N_1	$y_{\min}$	x_{11}
300	−5.3017	8.4664	450	0.5457	8.2272
350	−8.0872	8.4664	550	−1.3147	8.2272
400	−11.1373	8.4664	650	−3.2615	8.2272
450	−14.4827	8.4664	750	−5.3334	8.2272
500	−18.1531	8.4664	850	−7.5552	8.2272
550	−22.1785	8.4664	950	−9.9461	8.2272
600	−26.5893	8.4664	999	−11.1845	8.2272

　　Δx 变化时 x_{11} 计算值见表 3.5 和表 3.6，其中 Δx_{11} 为相邻两个 x_{11} 之差。对考题 a，分析表 3.5 可知，Δx 变小时，为了保证 $y_{\min}<0$，步长数 N_1 会增大，随着 Δx 由 1 变小至 0.003，Δx_{11} 也由 3.2509 变小至 0.1171，表明 Δx 变小时，x_{11} 计算越来越稳定；对考题 b，分析表 3.6 可知具有与考题 a 同样的规律，即 Δx 变小时，为了保证 $y_{\min}<0$，步长数 N_1 会增大，随着 Δx 由 1 变小至 0.01，Δx_{11} 由 2.7809 变小至 0.0404，表明 Δx 变小时，x_{11} 计算越来越稳定。因此，Δx 越小，计算越稳定，这也符合数值计算的特点，即计算步长越小，数值计算越精确。当然，计算步长越小，时间成本越大。因此，对本书失稳判据，步长数可取定值 $N_1=999$，计算节点数为 100 万，而 Δx 取值的条件为越小越好，但要满足 $y_{\min}<0$。

表 3.5　考题 a 中 Δx 对 x_{11} 的影响

Δx	N_1	$y_{\min}$	x_{11}	Δx_{11}
1	10	−6.5703	14.8931	3.2509
0.5	20	−10.7638	11.6422	6.2021
0.1	50	−3.0425	5.4401	1.8318
0.05	100	−6.5819	3.6083	2.4988
0.01	400	−6.9658	1.1095	0.5018
0.005	700	−4.1686	0.6077	0.1121
0.004	900	−5.4727	0.4956	0.1171
0.003	999	−0.5698	0.3785	—

表 3.6　考题 b 中 Δx 对 x_{11} 的影响

Δx	N_1	y_{min}	x_{11}	Δx_{11}
1	15	−4.795	14.424	2.7809
0.5	30	−4.975	11.6431	1.6821
0.25	100	−17.3424	9.961	1.1054
0.1	150	−5.2524	8.8556	0.3892
0.05	250	−2.7453	8.4664	0.199
0.025	500	−2.761	8.2674	0.0805
0.015	950	−4.5447	8.1869	0.0404
0.01	999	−0.3712	8.1465	—

3.2.2　边界条件对安全系数计算的影响

本书采用文献[75]研究的三个算例分析边界条件 Δx 和 N_1 对计算安全系数的影响，边坡算例计算参数见表 3.7。文献[75]已经给出了本书失稳判据计算的安全系数与已有结论误差分析，结果表明本书失稳判据计算的安全系数满足要求，本书对相关内容不再重复介绍。这里重点研究不同边界条件 Δx 和 N_1 对本书提出的失稳判据计算安全系数的收敛性。

表 3.7　边界条件影响安全系数的分析算例计算参数[75]

算例来源	γ /(kN/m³)	c / kPa	φ /(°)	α /(°)	H/m
Griffiths 等[6]	20	5	20	26.6	5
Zheng 等[78]	19.62	58.86	11.31	17.1	50
Tschuchnigg 等[13]	19	20	25	45	10

对文献[6]的算例边界条件分析见图 3.1，分析可知：当计算步长 Δx 较大时，例如 Δx=0.05 时，N_1 的取值对安全系数的计算无影响，在 N_1=300～999，本书失稳判据计算 FOS$_1$ 恒定等于 1.495。当 Δx 变小时，FOS$_1$ 随之变小，例如 Δx=0.02 和 0.01 时，FOS$_1$ 由 1.4 变为 1.365，但是 N_1 的取值依然对安全系数的计算无影响。当 Δx=0.005 和 0.003 时，N_1 的取值对安全系数的计算产生了影响。例如当 Δx=0.005 时，N_1=300 对应的 FOS$_1$=1.415，而 N_1 由 400 增大为 999 时 FOS$_1$ 收敛于 1.35；当 Δx=0.003 时，当 N_1=500 时对应的 FOS$_1$=1.398，而 N_1 由 600 增大为 999 时 FOS$_1$ 收敛于 1.338。图 3.2～图 3.4 给出了 Δx=0.003 和 N_1=999 时的失稳判据证明，可

见，随着折减系数 F 的增大，即 F 由 1.0 变为 1.6 时，x_{11} 由 3.4633 变为-2.798，其中当 F=1.338 时 x_{11}=0.007，本书的失稳判据可得安全系数 FOS_1=1.338，这与文献[6]给出的传统强度折减法安全系数 FOS=1.4 研究结论基本一致。

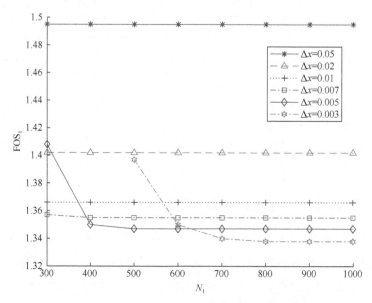

图 3.1　边界条件对文献[6]算例计算安全系数的影响

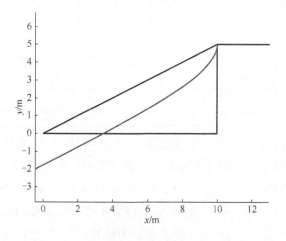

图 3.2　失稳判据对文献[6]算例计算安全系数：
当 F_1=1.0 时，x_{11}=3.4633

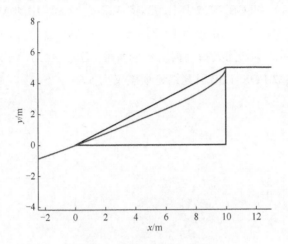

图 3.3　失稳判据对文献[6]算例计算安全系数：
当 F_2=1.338 时，x_{11}=0.007

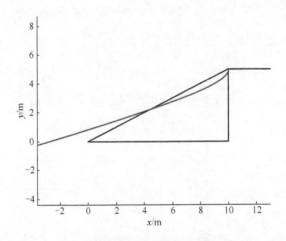

图 3.4　失稳判据对文献[6]算例计算安全系数：
当 F_3=1.6 时，x_{11}=-2.798

　　对文献[78]的算例边界条件分析见图 3.5，分析可知：当计算步长 Δx 较大时，例如，当 Δx=0.2, 0.15, 0.1 时，N_1 的取值对安全系数的计算无影响。但 Δx 变小时对应的安全系数 FOS_1 也逐渐变小，而当计算步长 Δx 较小时，例如 Δx=0.07, 0.05 时，N_1 的取值对安全系数的计算产生了影响。例如，当 Δx=0.07 时，N_1 由 400 增大为 999 时 FOS_1 收敛于 1.31；当 Δx=0.05 时，N_1=400 得到偏大的 FOS_1，而 N_1

由 400 增大为 999 时 FOS_1 收敛于 1.293。图 3.6～图 3.8 给出的 $\Delta x=0.05$ 和 $N_1=999$ 时的失稳判据证明，F 由 1.0 变为 1.5 时，x_{11} 由 51.998 变为 -38.4458，当 $F=1.293$ 时 $x_{11}=0.0727$，因此本书的失稳判据的安全系数 $FOS_1=1.293$，与文献[78]给出的极限平衡法安全系数 $FOS=1.37$ 研究结论误差仅为 5.6%。

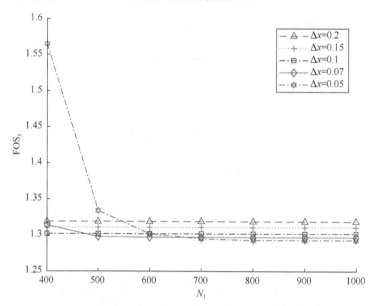

图 3.5　边界条件对文献[78]算例计算安全系数的影响

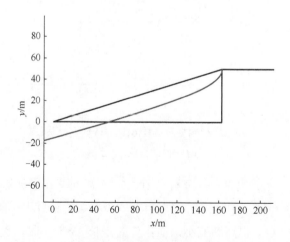

图 3.6　失稳判据对文献[78]算例计算安全系数：
当 $F_1=1.0$ 时，$x_{11}=51.998$

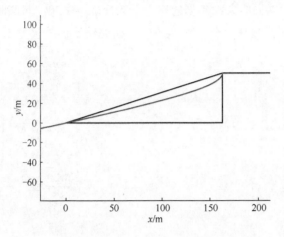

图 3.7　失稳判据对文献[78]算例计算安全系数：
当 F_2=1.293 时，x_{11}= 0.0727

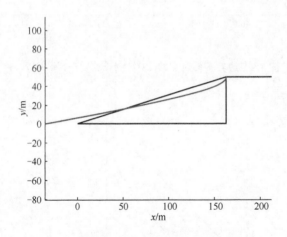

图 3.8　失稳判据对文献[78]算例计算安全系数：
当 F_3=1.5 时，x_{11}=-38.4458

对文献[13]的算例边界条件分析见图 3.9，分析可知：当计算步长 Δx 较大时，
例如 Δx=0.05, 0.02 时，N_1 的取值对安全系数的计算无影响，但 Δx 变小时对应的
安全系数 FOS_1 逐渐变小，而当计算步长 Δx 较小时，例如 Δx=0.01, 0.008, 0.006
时，N_1 的取值对安全系数的计算产生了影响，但随着 N_1 由 300 增大为 999 时 FOS_1
收敛于固定值，而且相差越来越小。图 3.10～图 3.12 给出的 Δx=0.006 和 N_1=999
时的失稳判据证明，F 由 1.0 变为 1.5 时，x_{11} 由 3.4368 变为-2.9553，当 F=1.28 时

$x_{11}=0.0051$，因此本书的失稳判据的安全系数 $FOS_1=1.28$，与文献[13]给出的基于 Davis 算法的强度折减法安全系数 $FOS=1.3$ 研究结论误差仅为 1.5%。

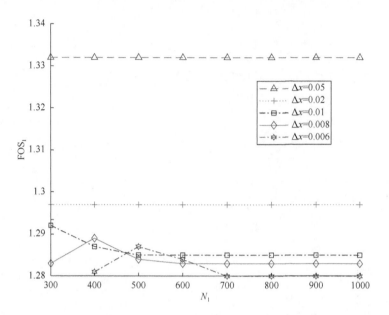

图 3.9　边界条件对文献[13]算例计算安全系数的影响

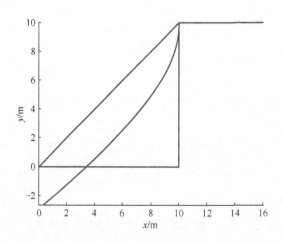

图 3.10　失稳判据对文献[13]算例计算安全系数：

当 $F_1=1.0$ 时，$x_{11}=3.4368$

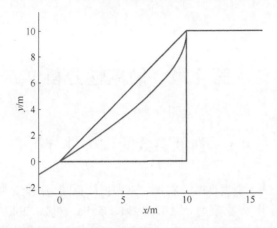

图 3.11　失稳判据对文献[13]算例计算安全系数：当 F_2=1.28 时，x_{11}=0.0051

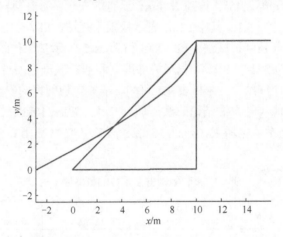

图 3.12　失稳判据对文献[13]算例计算安全系数：当 F_2=1.5 时，x_{11}=-2.9553

　　综合分析可知，三篇文献算例边界条件分析具有相同的结论，当计算步长 Δx 变小时，有限差分法计算精度增加，安全系数 FOS_1 逐步收敛于一个固定值。实际上，上述结论与表 3.3～表 3.6 中关于边界条件对失稳判据评价标准研究结论是一致的，即 Δx 固定而 N_1 逐渐增大，当 y_{min}<0 时，x_{11} 值不变，对应的安全系数 FOS_1 也是一个固定值，而当 Δx 逐渐变小而 N_1 逐渐增大，在保证 y_{min}<0 情况下，x_{11} 值逐步收敛于一个固定值，对应的安全系数 FOS_1 也收敛于固定值。综上可以得出本书失稳判据的边界条件：折减系数增量 ΔF 为 0.01 时可以满足安全系数计算精度的要求，步长数 N_1 取值为 999，此时计算节点数为 100 万，而计算步长 Δx 越小计算精度越高，但要保证 y_{min}>0 才能得到可靠的安全系数值。

第 4 章　敏感性分析

4.1　强度参数的敏感性分析

Cheng 等[4]提供了强度参数（黏聚力 c 和内摩擦角 φ）变化时的安全系数敏感性 20 组分析算例，其中黏聚力 c 取值为 2kPa, 5kPa, 10kPa, 20kPa 四组变量值，每组对应的内摩擦角 φ 取值为 5°, 15°, 25°, 35°, 45°五个变量值，其他计算参数为容重 γ=20kN/m³，坡角 α=45°，坡高 H=6m。已有的安全系数计算结论与本书失稳判据计算结果对比见表 4.1，其中 LEM 表示极限平衡法，FLAC3D 表示基于传统失稳判据的有限差分强度折减法，PLAXIS 和 Phase2 表示基于传统失稳判据的有限元强度折减法，SRM1 和 SRM2 表示关联准则和非关联准则条件，FOS₁ 为本书失稳判据安全系数计算结果。分析表 4.1 可知，本书失稳判据的安全系数 FOS₁ 敏感性分析结果与其他 4 种方法结论一致，即 c=2kPa, 5kPa, 10kPa, 20kPa 时，φ 由 5°增大至 45°，安全系数也增大，φ=5°, 15°, 25°, 35°, 45°时，c 由 2kPa 增大至 20kPa，安全系数也增大。

表 4.1　c 和 φ 对安全系数的敏感性分析

边坡样板	c/kPa	φ/(°)	LEM	FLAC3D（SRM2/SRM1）	PLAXIS（SRM2/SRM1）	Phase2（SRM2/SRM1）	FOS₁
1	2	5	0.25	0.25/0.26	0.25/0.25	0.25/0.25	0.225
2	2	15	0.5	0.51/0.52	0.45/0.5	0.5/0.5	0.49
3	2	25	0.74	0.77/0.78	0.66/0.75	0.74/0.77	0.75
4	2	35	1.01	1.07/1.07	0.92/1.03	1.02/1.07	1.05
5	2	45	1.35	1.42/1.44	1.11/1.35	1.37/1.44	1.41
6	5	5	0.41	0.43/0.43	0.42/0.42	0.4/0.41	0.326
7	5	15	0.7	0.73/0.73	0.69/0.71	0.7/0.71	0.64
8	5	25	0.98	1.03/1.03	0.9/0.99	0.98/1.0	0.945
9	5	35	1.28	1.34/1.35	1.16/1.29	1.29/1.32	1.27
10	5	45	1.65	1.68/1.74	1.45/1.62	1.66/1.71	1.66
11	10	5	0.65	0.69/0.69	0.68/0.68	0.64/0.64	0.465
12	10	15	0.98	1.04/1.04	0.99/1.01	0.98/0.99	0.83
13	10	25	1.3	1.36/1.37	1.27/1.32	1.29/1.31	1.17

边坡样板	c/kPa	φ/(°)	LEM	FLAC3D（SRM2/SRM1）	PLAXIS（SRM2/SRM1）	Phase2（SRM2/SRM1）	FOS_1
14	10	35	1.63	1.69/1.71	1.56/1.63	1.64/1.65	1.54
15	10	45	2.04	2.05/2.15	1.89/1.97	2.05/2.08	1.99
16	20	5	1.06	1.2/1.2	1.17/1.17	1.09/1.1	0.71
17	20	15	1.48	1.59/1.59	1.54/1.53	1.48/1.48	1.14
18	20	25	1.85	1.95/1.96	1.87/1.87	1.84/1.84	1.53
19	20	35	2.24	2.28/2.35	2.23/2.2	2.23/2.24	1.96
20	20	45	2.69	2.67/2.83	2.62/2.55	2.69/2.7	2.46

5 种方法计算结果误差 δ 分析见表 4.2，其中误差 δ 采用 SRM1 和 SRM2 的 FOS 平均值 $\overline{FOS}$ 计算：

$$\delta = \frac{\overline{FOS} - FOS_1}{\overline{FOS}} \tag{4.1}$$

共 80 组 δ 数据，分析可知有 6 组误差 δ 绝对值大于等于 30%，比例为 6/80=7.5%，其中边坡样板 16 占了 4 组，边坡样板 11 占了 2 组，由此可知，c 较大、φ 较小时，本书方法 FOS_1 与其他方法的计算结果相差大，而 δ 绝对值在[20%, 30%)区间的为 11 组，比例为 11/80=13.75%，δ 绝对值在[10%, 20%)区间的为 21 组，比例为 21/80=26.25%，δ 绝对值小于 10%的为 42 组，比例为 42/80=52.5%，与已有安全系数结论的误差绝对值比例小于 20%的数据组数占 80%，证明本书失稳判据可以给出可靠的安全系数计算结果。本书失稳判据可以给出与已有方法相同的敏感性分析结论，能够反映边坡稳定性随着强度参数的变化规律。

表 4.2　安全系数敏感性的误差分析　　　　　　　　单位：%

边坡样板	(LEM-FOS_1)/ LEM	(FLAC3D-FOS_1)/ FLAC3D	(PLAXIS - FOS_1)/ PLAXIS	(Phase2-FOS_1)/ Phase2
1	10	11.76	10	10
2	2	4.85	-3.16	2
3	-1.35	3.23	-6.38	0.66
4	-3.96	1.87	-7.69	-0.48
5	-4.44	1.4	-14.63	-0.36
6	20.49	24.19	22.38	19.51
7	8.57	12.33	8.57	9.22
8	3.57	8.25	0	4.55
9	0.78	5.58	-3.67	2.68

续表

边坡样板	(LEM–FOS$_1$)/ LEM	(FLAC3D–FOS$_1$)/ FLAC3D	(PLAXIS – FOS$_1$)/ PLAXIS	(Phase2–FOS$_1$)/ Phase2
10	−0.61	2.92	−8.14	1.48
11	28.46	32.61	31.62	27.34
12	15.31	20.19	17	15.74
13	10	14.29	9.65	10
14	5.52	9.41	3.45	6.38
15	2.45	5.24	−3.11	3.63
16	33.02	40.83	39.32	35.16
17	22.97	28.3	25.73	22.97
18	17.3	21.74	18.18	16.85
19	12.5	15.33	11.51	12.3
20	8.55	10.55	4.84	8.72

对每个算例的失稳判据证明见图 4.1～图 4.60，无一例外，20 个算例都给出了相同的结论，即随着折减系数 F 的增大，由 F_1 增大到 F_3，失稳判据评价标准 x_{11} 都由大于 0 变为小于 0，F_2 时 x_{11}=0，判断边坡为极限状态，本书失稳判据计算的安全系数 FOS$_1$=F_2。

图 4.1～图 4.15 给出了当 c=2kPa 和 $φ$=5°～45°时，强度折减系数 F_i 由小变大的极限坡面曲线与边坡坡面位置关系变化以及 x_{11} 值。从图中可以看出，随着强度折减系数 F_i 的增大，极限坡面曲线从坡体内部转移到坡体外部，而 x_{11} 由正值变为负值。根据极限曲线法定义，当 x_{11}≈0 时，FOS$_1$=F_2。

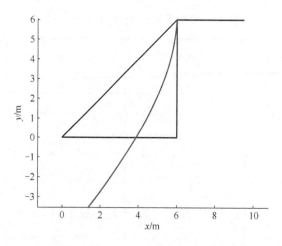

图 4.1　失稳判据对算例 1 计算安全系数：当 F_1=0.125 时，x_{11}=3.8723

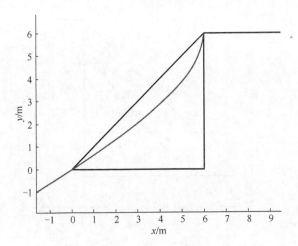

图 4.2 失稳判据对算例 1 计算安全系数:
当 F_2=0.225 时,x_{11}=0.0375

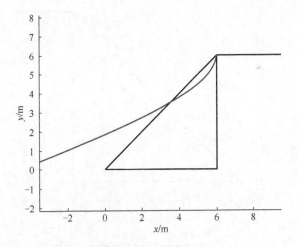

图 4.3 失稳判据对算例 1 计算安全系数:
当 F_3=0.325 时,x_{11}= -4.6118

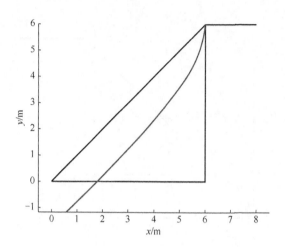

图 4.4　失稳判据对算例 2 计算安全系数：
当 F_1=0.39 时，x_{11}=1.8006

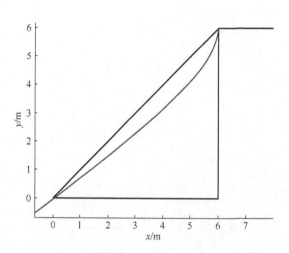

图 4.5　失稳判据对算例 2 计算安全系数：
当 F_2=0.49 时，x_{11}=0.0643

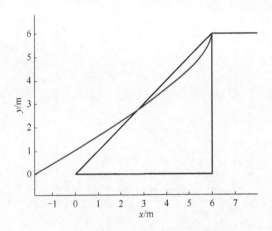

图 4.6 失稳判据对算例 2 计算安全系数：
当 F_3=0.59 时，x_{11}=-1.7316

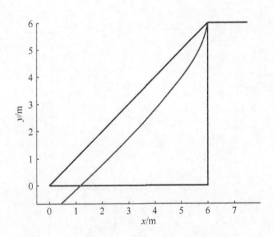

图 4.7 失稳判据对算例 3 计算安全系数：
当 F_1=0.65 时，x_{11}=1.1577

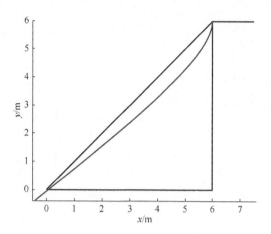

图 4.8　失稳判据对算例 3 计算安全系数：
当 F_2=0.75 时，x_{11}=0.0753

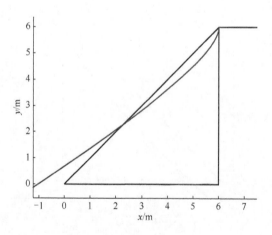

图 4.9　失稳判据对算例 3 计算安全系数：
当 F_3=0.85 时，x_{11}=-1.0202

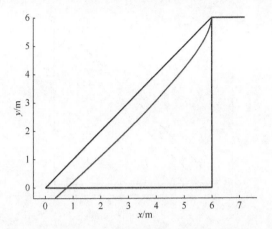

图 4.10　失稳判据对算例 4 计算安全系数：当 F_1=0.95 时，x_{11}= 0.7601

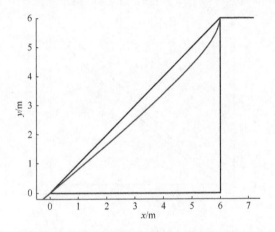

图 4.11　失稳判据对算例 4 计算安全系数：当 F_2=1.05 时，x_{11}=0.0093

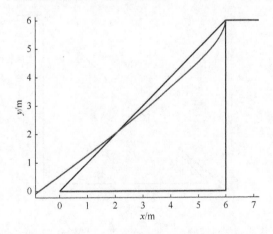

图 4.12　失稳判据对算例 4 计算安全系数：当 F_3=1.15 时，x_{11}= -0.7451

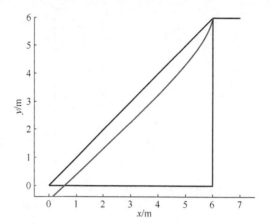

图 4.13　失稳判据对算例 5 计算安全系数：当 F_1=1.31 时，x_{11}= 0.5703

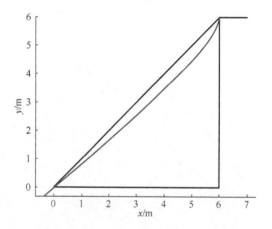

图 4.14　失稳判据对算例 5 计算安全系数：当 F_2=1.41 时，x_{11}=0.0318

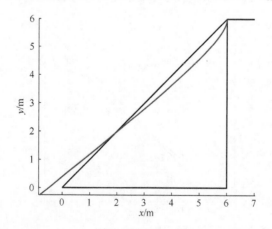

图 4.15　失稳判据对算例 5 计算安全系数：当 F_3=1.51 时，x_{11}= -0.5078

图 4.16～图 4.30 给出了当 c=5kPa 和 φ=5°～45°时，强度折减系数 F_i 从小变大时的极限坡面曲线与边坡坡面位置关系变化以及 x_{11} 值。从图中可以看出，随着强度折减系数 F_i 的增大，极限坡面曲线位置变化规律相同，而 x_{11} 由正值变为负值。根据极限曲线法定义，当 $x_{11} \approx 0$ 时，FOS$_1$= F_2，并且 FOS$_1$ 比前面 c=2kPa 的结果偏大。

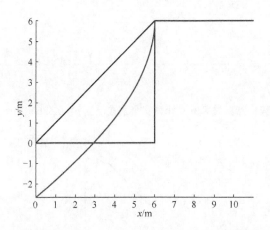

图 4.16　失稳判据对算例 6 计算安全系数：当 F_1=0.226 时，x_{11}=2.9115

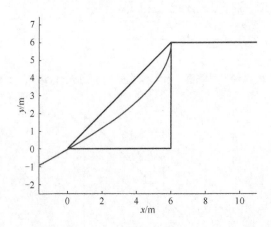

图 4.17　失稳判据对算例 6 计算安全系数：当 F_2=0.326 时，x_{11}=0.0691

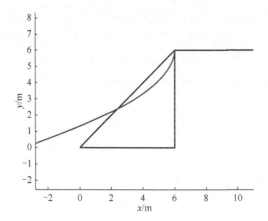

图 4.18　失稳判据对算例 6 计算安全系数：当 F_3=0.426 时，x_{11}= -3.5271

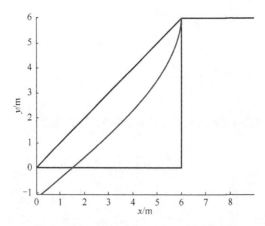

图 4.19　失稳判据对算例 7 计算安全系数：当 F_1=0.54 时，x_{11}=1.5126

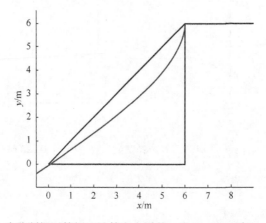

图 4.20　失稳判据对算例 7 计算安全系数：当 F_2=0.64 时，x_{11}=0.0695

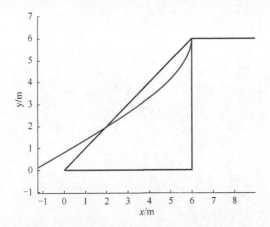

图 4.21　失稳判据对算例 7 计算安全系数：当 F_3=0.74 时，x_{11}= -1.4556

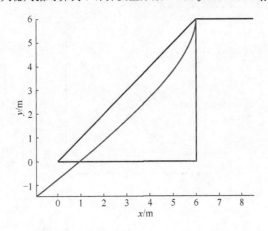

图 4.22　失稳判据对算例 8 计算安全系数：当 F_1=0.845 时，x_{11}= 0.9612

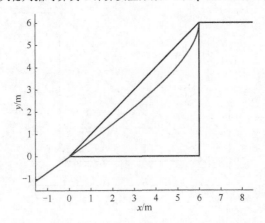

图 4.23　失稳判据对算例 8 计算安全系数：当 F_2=0.945 时，x_{11}=0.0136

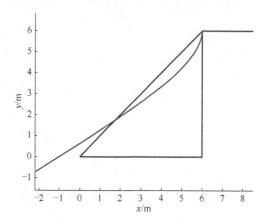

图 4.24　失稳判据对算例 8 计算安全系数：当 F_3=1.045 时，x_{11}= -0.9565

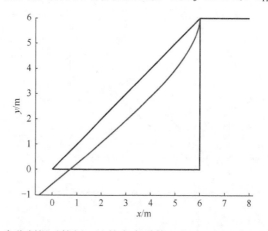

图 4.25　失稳判据对算例 9 计算安全系数：当 F_1=1.17 时，x_{11}=0.7190

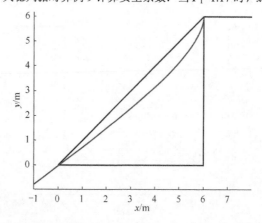

图 4.26　失稳判据对算例 9 计算安全系数：当 F_2=1.27 时，x_{11}= 0.0415

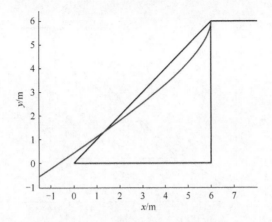

图 4.27 失稳判据对算例 9 计算安全系数：当 F_3=1.37 时，x_{11}= −0.6443

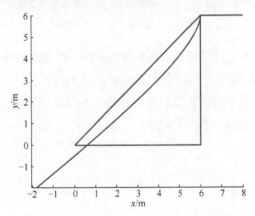

图 4.28 失稳判据对算例 10 计算安全系数：当 F_1=1.56 时，x_{11}=0.5919

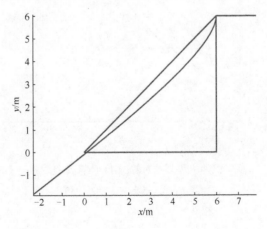

图 4.29 失稳判据对算例 10 计算安全系数：当 F_2=1.66 时，x_{11}=0.0949

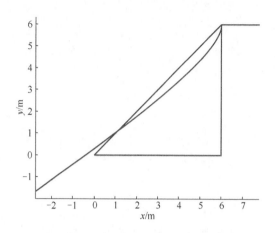

图 4.30　失稳判据对算例 10 计算安全系数：
当 F_3=1.76 时，x_{11}= -0.4053

图 4.31～图 4.45 给出了当 c=10kPa 和 φ=5°～45°时，强度折减系数 F_i 从小变大的极限坡面曲线与边坡坡面位置关系变化以及 x_{11} 值。从图中可以看出，随着强度折减系数 F_i 的增大，极限坡面曲线位置变化规律相同，而 x_{11} 由正值变为负值。FOS_1 比前面 c=2kPa,5kPa 的结果增大。

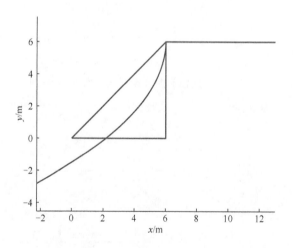

图 4.31　失稳判据对算例 11 计算安全系数：
当 F_1=0.365 时，x_{11}=2.1933

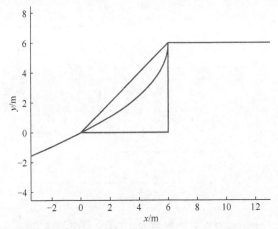

图 4.32 失稳判据对算例 11 计算安全系数：当 F_2=0.465 时，x_{11}=0.0625

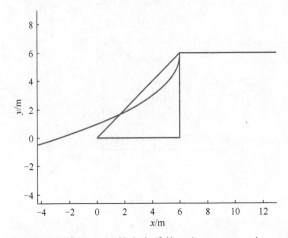

图 4.33 失稳判据对算例 11 计算安全系数：当 F_3=0.565 时，x_{11}=−2.6872

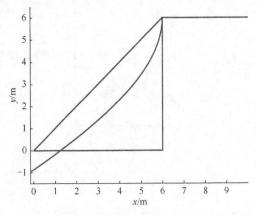

图 4.34 失稳判据对算例 12 计算安全系数：当 F_1=0.73 时，x_{11}=1.2367

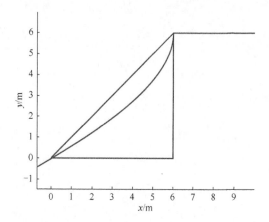

图 4.35　失稳判据对算例 12 计算安全系数：当 F_2=0.83 时，x_{11}=0.0508

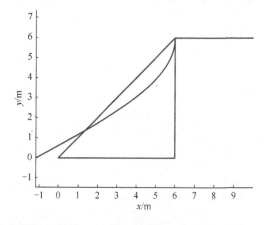

图 4.36　失稳判据对算例 12 计算安全系数：当 F_3=0.93 时，x_{11}=-1.2212

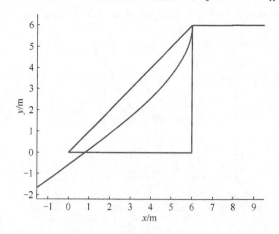

图 4.37　失稳判据对算例 13 计算安全系数：当 F_1=1.07 时，x_{11}= 0.8719

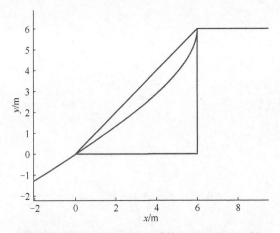

图 4.38 失稳判据对算例 13 计算安全系数：当 F_2=1.17 时，x_{11}=0.0600

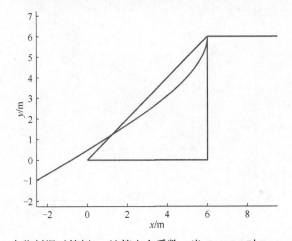

图 4.39 失稳判据对算例 13 计算安全系数：当 F_3=1.27 时，x_{11}= -0.7794

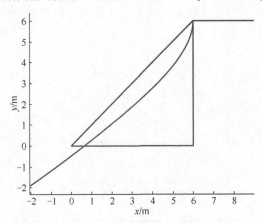

图 4.40 失稳判据对算例 14 计算安全系数：当 F_1=1.44 时，x_{11}=0.6415

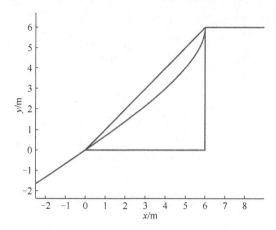

图 4.41　失稳判据对算例 14 计算安全系数：当 F_2=1.54 时，x_{11}=0.0433

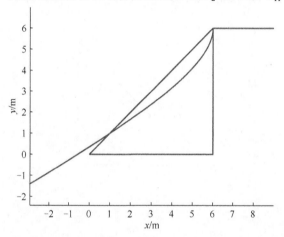

图 4.42　失稳判据对算例 14 计算安全系数：当 F_3=1.64 时，x_{11}= -0.5660

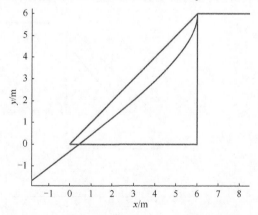

图 4.43　失稳判据对算例 15 计算安全系数：当 F_1=1.89 时，x_{11}=0.4554

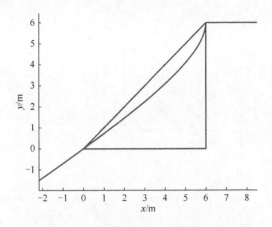

图 4.44 失稳判据对算例 15 计算安全系数：
当 F_2=1.99 时，x_{11}=0.0049

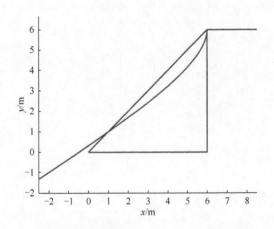

图 4.45 失稳判据对算例 15 计算安全系数：
当 F_3=2.09 时，x_{11}= -0.4503

图 4.46～图 4.60 给出了当 c=20kPa 和 φ=5°～45°时，强度折减系数 F_i 从小变大的极限坡面曲线与边坡坡面位置关系变化以及 x_{11} 值。从图中可以看出，极限坡面曲线位置变化规律相同，x_{11} 由正值变为负值。FOS_1 比前面 c=2kPa,5kPa,10kPa 的结果明显增大。

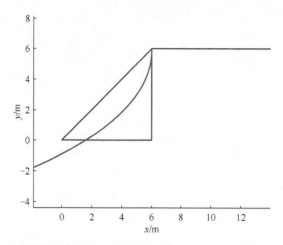

图 4.46　失稳判据对算例 16 计算安全系数：当 F_1=0.61 时，x_{11}= 1.5712

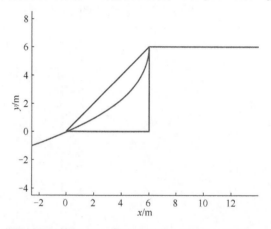

图 4.47　失稳判据对算例 16 计算安全系数：当 F_2=0.71 时，x_{11}= 0.0691

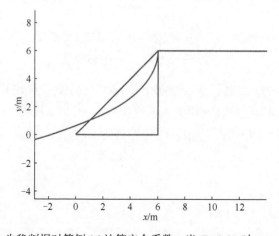

图 4.48　失稳判据对算例 16 计算安全系数：当 F_3=0.81 时，x_{11}=-1.8633

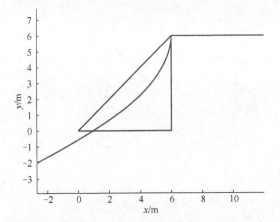

图 4.49　失稳判据对算例 17 计算安全系数：当 F_1=1.04 时，x_{11}=0.9517

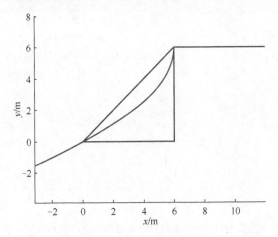

图 4.50　失稳判据对算例 17 计算安全系数：当 F_2=1.14 时，x_{11}= 0.0293

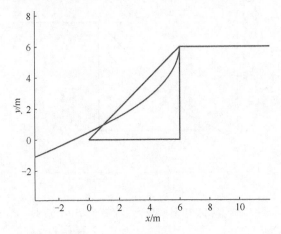

图 4.51　失稳判据对算例 17 计算安全系数：当 F_3=1.24 时，x_{11}= −0.9712

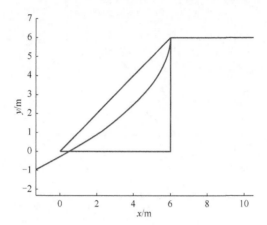

图 4.52　失稳判据对算例 18 计算安全系数：当 F_1=1.43 时，x_{11}=0.7234

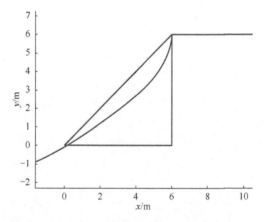

图 4.53　失稳判据对算例 18 计算安全系数：当 F_2=1.53 时，x_{11}=0.0620

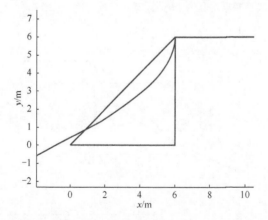

图 4.54　失稳判据对算例 18 计算安全系数：当 F_3=1.63 时，x_{11}= -0.6277

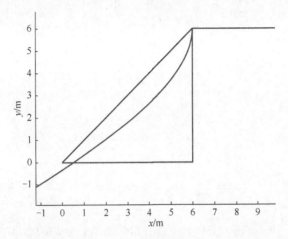

图 4.55　失稳判据对算例 19 计算安全系数：当 F_1=1.86 时，x_{11}=0.5140

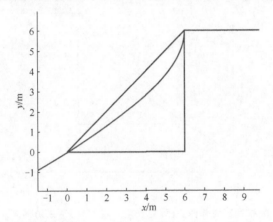

图 4.56　失稳判据对算例 19 计算安全系数：当 F_2=1.96 时，x_{11}=0.0092

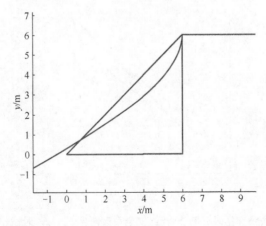

图 4.57　失稳判据对算例 19 计算安全系数：当 F_3=2.06 时，x_{11}= -0.5082

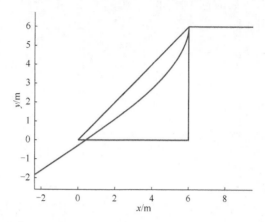

图 4.58 失稳判据对算例 20 计算安全系数：当 F_1=2.36 时，x_{11}=0.4093

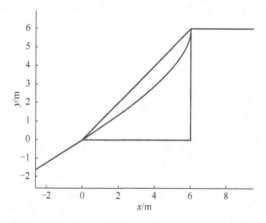

图 4.59 失稳判据对算例 20 计算安全系数：当 F_2=2.46 时，x_{11}=0.0198

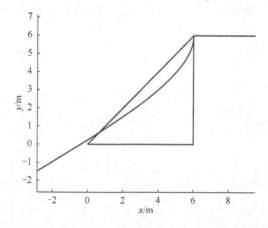

图 4.60 失稳判据对算例 20 计算安全系数：当 F_3=2.56 时，x_{11}= -0.3756

观察图 4.1～图 4.60 发现，当 c 不变而 φ 从 5°增大到 45°时，FOS_1 的结果明显增大。说明本书失稳判据 FOS_1 的结果随着 c 和 φ 的增大而增大，这符合已有研究结论，因为随着强度参数 c 和 φ 的增大边坡稳定性增大，安全系数自然增大。

4.2　几何参数的敏感性分析

本书失稳判据除了应用于强度折减法计算安全系数以外，还应用于边坡优化设计，即可以计算极限边坡状态下的边坡坡角。因此，除了以上的强度参数敏感性分析以外，这里还对边坡几何参数（包括坡角 α 和坡高 H）进行敏感性分析。文献[83]采用传统失稳判据（不收敛准则）分析边坡稳定性，得出了几何参数和强度参数敏感性算例分析结论。本书采用相同的参数进行验算，坡角、坡高、黏聚力、内摩擦角变化时安全系数计算结果对比见表 4.3～表 4.6，其中 DP4 表示基于传统失稳判据的等面积 D-P（Drucker-Prager）屈服准则有限元强度折减法，Simple Bishop 表示极限平衡法。文献[83]的研究结论表明，采用不同屈服准则计算的安全系数明显不一致，而且安全系数比极限平衡法偏大。因此，本书不对安全系数的误差进行分析，而是对不同方法判断边坡状态结论进行对比，研究本书失稳判据的可行性。

对表 4.3 分析可知：DP4、极限平衡法、本书失稳判据三种方法的坡角敏感性分析结论相同，即随着边坡坡角变大，安全系数变小，边坡稳定性降低。相对于极限平衡法，DP4 计算的安全系数明显偏大，本书失稳判据计算的安全系数最小。当坡角 α=30°,35°时，三种方法都判断边坡为稳定状态；当坡角 α=40°时，DP4 和极限平衡法判断边坡为稳定状态，本书失稳判据判断边坡为极限状态；当坡角 α=45°时，极限平衡法判断边坡为极限状态，而 DP4 和本书失稳判据分别判断边坡状态为稳定和破坏状态，两者相反；当坡角 α=50°时，极限平衡法和本书失稳判据都判断边坡为破坏状态，而 DP4 判断边坡状态为极限状态。由此可知，本书失稳判据对边坡状态的判断与极限平衡法较为接近，而且是偏于保守的，DP4 判断边坡状态偏于不安全。

表 4.3　坡角 α 对安全系数的敏感性分析

α /(°)	DP4	Simple Bishop	本书失稳判据
30	1.455（稳定）	1.398（稳定）	1.27（稳定）
35	1.323（稳定）	1.269（稳定）	1.125（稳定）
40	1.214（稳定）	1.156（稳定）	1.005（极限）
45	1.128（稳定）	1.064（极限）	0.905（破坏）
50	1.044（极限）	0.987（破坏）	0.82（破坏）

注：γ=25kN/m³，c=42kPa，φ=17°，H=20m。

对表 4.4 分析可知：DP4、极限平衡法、本书失稳判据三种方法的坡高敏感性分析结论相同，即随着边坡坡高变大，安全系数变小，边坡稳定性降低。同坡角的敏感性分析，DP4 计算的安全系数也明显偏大，本书失稳判据计算的安全系数还是最小。当坡高 H=10m 时，三种方法对边坡都判断为稳定状态；当坡高 H=30m，40m，50m 时，三种方法对边坡都判断为破坏状态；当坡高 H=20m 时，极限平衡法判断边坡为极限状态，而 DP4 和本书失稳判据分别判断边坡状态为稳定和破坏状态，两者相反。由此可知，本书失稳判据对边坡状态的判断偏于保守，DP4 判断边坡状态偏于不安全，这与坡角敏感性分析结论一致。

表 4.4　坡高 H 对安全系数的敏感性分析

H/m	DP4	Simple Bishop	本书失稳判据
10	1.733（稳定）	1.612（稳定）	1.23（稳定）
20	1.128（稳定）	1.064（极限）	0.905（破坏）
30	0.923（破坏）	0.867（破坏）	0.78（破坏）
40	0.82（破坏）	0.764（破坏）	0.707（破坏）
50	0.735（破坏）	0.698（破坏）	0.66（破坏）

注：γ=25kN/m³, c=42kPa, φ=17°, α=45°。

对表 4.5 和表 4.6 分析可知：黏聚力 c 和内摩擦角 φ 的敏感性分析结论与 4.1 节分析的结论一致，DP4、极限平衡法、本书失稳判据三种方法都是随着强度参数变大，安全系数变大，边坡稳定性提高。当 c=0.1kPa 和 20kPa 时，三种方法对边坡都判断为破坏状态；当 c=90kPa 时，三种方法对边坡都判断为稳定状态；当 c=40kPa 时，极限平衡法判断边坡为极限状态，而 DP4 和本书失稳判据分别判断边坡状态为稳定和破坏状态，两者相反；当 c=60kPa 时，DP4 和极限平衡法判断边坡为稳定状态，而本书失稳判据判断边坡为极限状态。再次证明本书失稳判据对边坡状态的判断偏于保守，但 DP4 判断边坡状态偏于不安全。内摩擦角 φ 变化时，DP4、极限平衡法、本书失稳判据三种方法对边坡状态判断结论相同。

表 4.5　黏聚力 c 对安全系数的敏感性分析

c/kPa	DP4	Simple Bishop	本书失稳判据
0.1	0.304（破坏）	0.254（破坏）	0.345（破坏）
20	0.793（破坏）	0.752（破坏）	0.695（破坏）
40	1.101（稳定）	1.036（极限）	0.89（破坏）
60	1.379（稳定）	1.302（稳定）	1.05（极限）
90	1.781（稳定）	1.685（稳定）	1.27（稳定）

注：γ=25kN/m³, φ=17°, α=45°, H=20m。

表 4.6　内摩擦角 φ 对安全系数的敏感性分析

$\varphi/(°)$	DP4	Simple Bishop	本书失稳判据
0.1	0.477（破坏）	0.494（破坏）	0.225（破坏）
10	0.896（破坏）	0.846（破坏）	0.663（破坏）
25	1.396（稳定）	1.316（稳定）	1.18（稳定）
35	1.689（稳定）	1.623（稳定）	1.55（稳定）
45	2.182（稳定）	2.073（稳定）	2（稳定）

注：$\gamma=25\text{kN/m}^3$，$c=42\text{kPa}$，$\alpha=45°$，$H=20\text{m}$。

　　几何参数和强度参数变化时本书失稳判据证明见图 4.61～图 4.120，结论与 4.1 节一致，都是随着折减系数由 F_1 增大到 F_3，失稳判据评价标准 x_{11} 由大于 0 变为小于 0，F_2 时 $x_{11}=0$，判断边坡为极限状态，本书失稳判据计算的安全系数 $\text{FOS}_1=F_2$。

　　图 4.61～图 4.75 给出了当坡角 $\alpha=30°$～$50°$时，即边坡由缓到陡，强度折减系数 F_i 从小变大的极限坡面曲线与边坡坡面位置关系变化以及 x_{11} 值。随着 F_i 增大，极限坡面曲线从坡体内部转移到坡体外部，而 x_{11} 由正值变为负值。当 $x_{11}\approx0$ 时，$\text{FOS}_1=F_2$，FOS_1 随着坡角增大而减小。

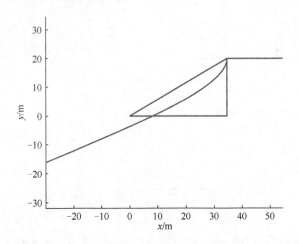

图 4.61　$\alpha=30°$时计算安全系数：当 $F_1=1.07$ 时，$x_{11}=8.3247$

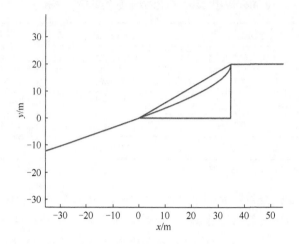

图 4.62 $\alpha=30°$时计算安全系数：当 $F_2=1.27$ 时，$x_{11}=-0.0539$

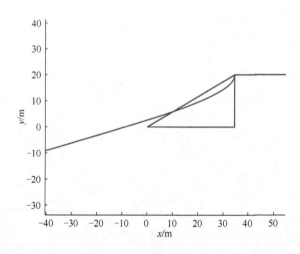

图 4.63 $\alpha=30°$时计算安全系数：当 $F_3=1.47$ 时，$x_{11}=-8.9083$

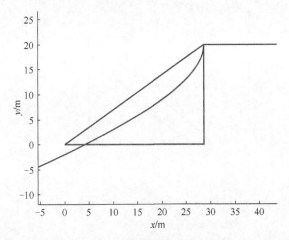

图 4.64　$\alpha=35°$ 时计算安全系数：当 $F_1=1.025$ 时，$x_{11}=3.9699$

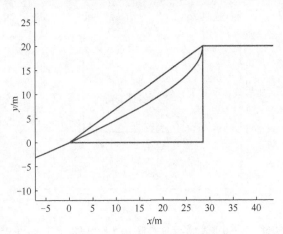

图 4.65　$\alpha=35°$ 时计算安全系数：当 $F_2=1.125$ 时，$x_{11}=-0.0908$

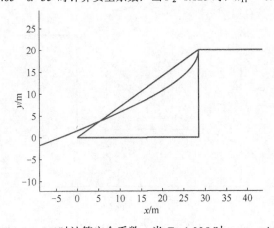

图 4.66　$\alpha=35°$ 时计算安全系数：当 $F_3=1.225$ 时，$x_{11}=-4.2997$

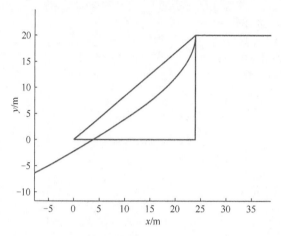

图 4.67　$\alpha=40°$时计算安全系数：当 $F_1=0.905$ 时，$x_{11}=3.8789$

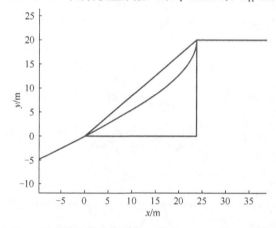

图 4.68　$\alpha=40°$时计算安全系数：当 $F_2=1.005$ 时，$x_{11}=0.0340$

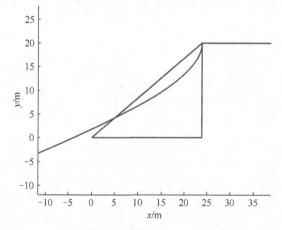

图 4.69　$\alpha=40°$时计算安全系数：当 $F_3=1.105$ 时，$x_{11}=-3.9939$

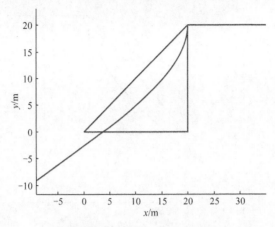

图 4.70　α=45°时计算安全系数：当 F_1=0.805 时，x_{11}=3.6698

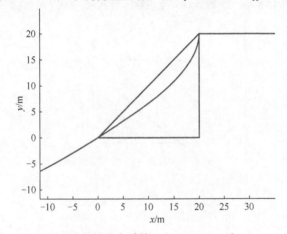

图 4.71　α=45°时计算安全系数：当 F_2=0.905 时，x_{11}=0.0439

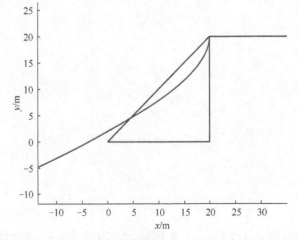

图 4.72　α=45°时计算安全系数：当 F_3=1.005 时，x_{11}=-3.8010

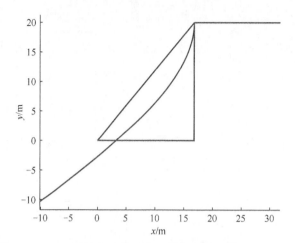

图 4.73　α=50°时计算安全系数：当 F_1=0.72 时，x_{11}=3.3339

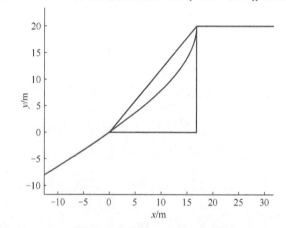

图 4.74　α=50°时计算安全系数：当 F_2=0.82 时，x_{11}= -0.0767

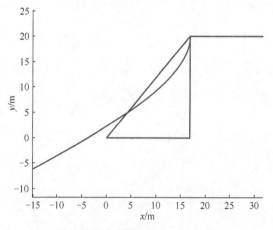

图 4.75　α=50°时计算安全系数：当 F_3=0.92 时，x_{11}= -3.7379

图 4.76～图 4.90 给出了当坡高 H=10～50m 时，即边坡由低到高，强度折减系数 F_i 从小变大的极限坡面曲线与边坡坡面位置关系变化以及 x_{11} 值。随着 F_i 增大，极限坡面曲线从坡体内部转移到坡体外部，而 x_{11} 由正值变为负值。当 $x_{11}\approx0$ 时，$\mathrm{FOS}_1=F_2$，FOS_1 随着坡高增大而减小。

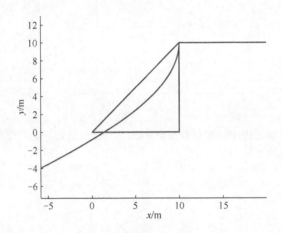

图 4.76 H=10m 时计算安全系数：当 F_1=1.13 时，x_{11}=1.3935

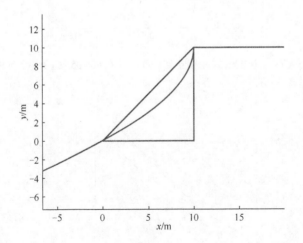

图 4.77 H=10m 时计算安全系数：当 F_2=1.23 时，x_{11}= −0.0358

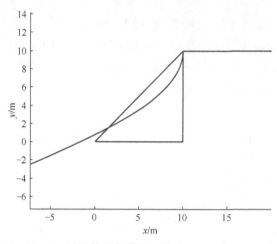

图 4.78　H=10m 时计算安全系数：当 F_3=1.33 时，x_{11}=-1.5676

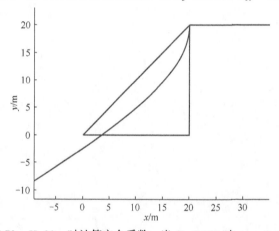

图 4.79　H=20m 时计算安全系数：当 F_1=0.805 时，x_{11}=3.6698

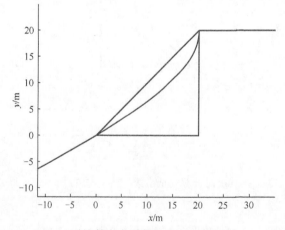

图 4.80　H=20m 时计算安全系数：当 F_2=0.905 时，x_{11}=0.0439

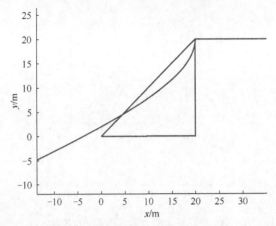

图 4.81　H=20m 时计算安全系数：当 F_3=1.005 时，x_{11}=−3.8010

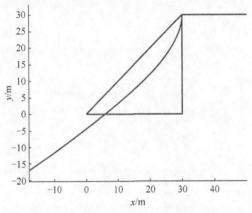

图 4.82　H=30m 时计算安全系数：当 F_1=0.68 时，x_{11}=6.0550

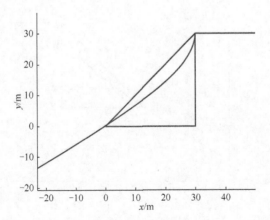

图 4.83　H=30m 时计算安全系数：当 F_2=0.78 时，x_{11}=−0.0500

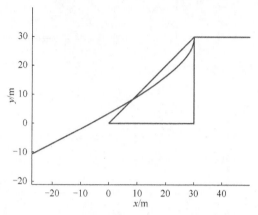

图 4.84　H=30m 时计算安全系数：当 F_3=0.88 时，x_{11}= −6.4721

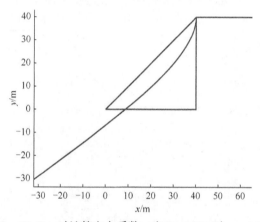

图 4.85　H=40m 时计算安全系数：当 F_1=0.607 时，x_{11}=8.7845

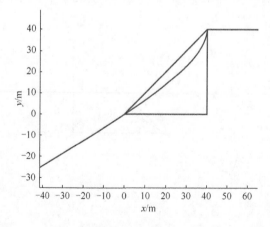

图 4.86　H=40m 时计算安全系数：当 F_2=0.707 时，x_{11}= 0.0623

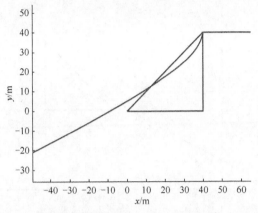

图 4.87　H=40m 时计算安全系数：当 F_3=0.807 时，x_{11}= −9.0617

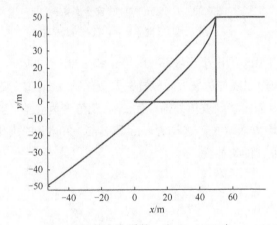

图 4.88　H=50m 时计算安全系数：当 F_1=0.56 时，x_{11}=11.5163

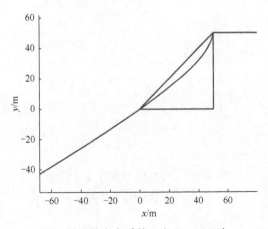

图 4.89　H=50m 时计算安全系数：当 F_2=0.66 时，x_{11}=0.0765

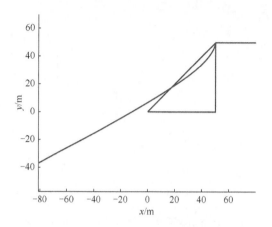

图 4.90　H=50m 时计算安全系数：
当 F_3=0.76 时，x_{11}=−11.8348

　　图 4.91～图 4.105 给出了当坡高 H=20m 和 c=0.1～90kPa，强度折减系数 F_i 从小变大的极限坡面曲线与边坡坡面位置关系变化以及 x_{11} 值。随着 F_i 增大，极限坡面曲线从坡体内部转移到坡体外部，而 x_{11} 由正值变为负值。当 x_{11}≈0 时，FOS$_1$= F_2，FOS$_1$ 随着 c 增大而增大，这与 H=6m 和 c=2～20kPa 的规律一致，反映了本书失稳判据具有很强的鲁棒性。

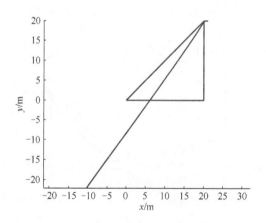

图 4.91　c=0.1kPa 时计算安全系数：
当 F_1=0.245 时，x_{11}=6.1148

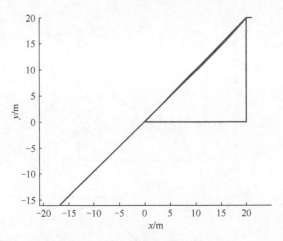

图 4.92　c=0.1kPa 时计算安全系数：当 F_2=0.345 时，x_{11}=0.0430

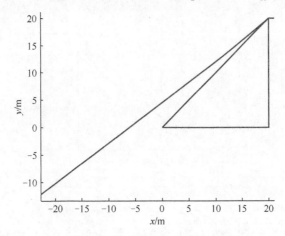

图 4.93　c=0.1kPa 时计算安全系数：当 F_3=0.445 时，x_{11}= −6.0642

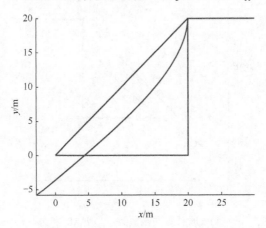

图 4.94　c=20kPa 时计算安全系数：当 F_1=0.595 时，x_{11}=4.4464

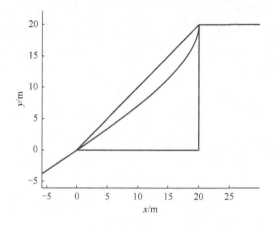

图 4.95　c=20kPa 时计算安全系数：当 F_2=0.695 时，x_{11}=0.0285

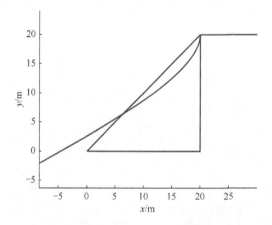

图 4.96　c=20kPa 时计算安全系数：当 F_3=0.795 时，x_{11}=-4.5887

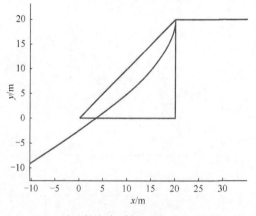

图 4.97　c=40kPa 时计算安全系数：当 F_1=0.79 时，x_{11}=3.6493

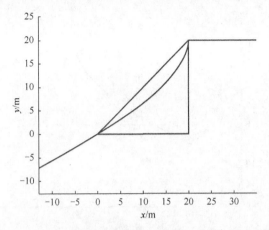

图 4.98　c=40kPa 时计算安全系数：当 F_2=0.89 时，x_{11}= −0.0353

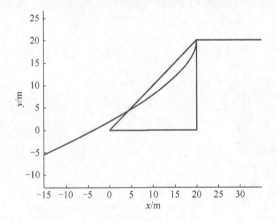

图 4.99　c=40kPa 时计算安全系数：当 F_3=0.99 时，x_{11}= −3.9378

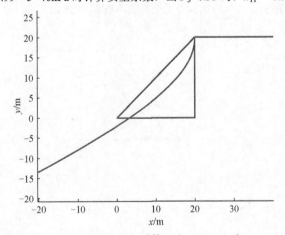

图 4.100　c=60kPa 时计算安全系数：当 F_1=0.95 时，x_{11}=3.3014

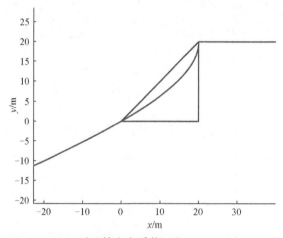

图 4.101　c=60kPa 时计算安全系数：当 F_2=1.05 时，x_{11}=0.0783

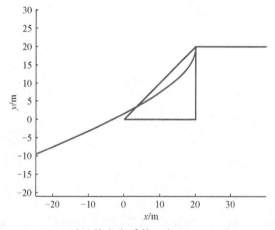

图 4.102　c=60kPa 时计算安全系数：当 F_3=1.15 时，x_{11}= -3.3610

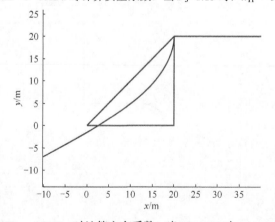

图 4.103　c=90kPa 时计算安全系数：当 F_1=1.17 时，x_{11}=2.7593

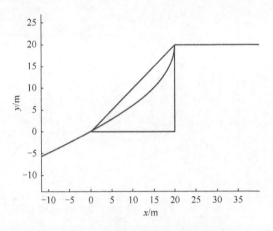

图 4.104　$c=90\text{kPa}$ 时计算安全系数：
当 $F_2=1.27$ 时，$x_{11}=-0.0191$

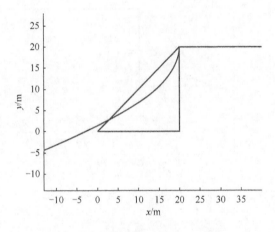

图 4.105　$c=90\text{kPa}$ 时计算安全系数：
当 $F_3=1.37$ 时，$x_{11}=-2.9999$

　　图 4.106～图 4.120 给出了当坡高 $H=20\text{m}$ 和 $\varphi=0.1°\sim45°$，强度折减系数 F_i 从小变大的极限坡面曲线与边坡坡面位置关系变化以及 x_{11} 值。随着 F_i 增大，极限坡面曲线从坡体内部转移到坡体外部，而 x_{11} 由正值变为负值。当 $x_{11}\approx0$ 时，$\text{FOS}_1=F_2$，FOS_1 随着 φ 增大而增大，这与 $H=6\text{m}$ 和 $\varphi=5°\sim45°$ 的规律一致，反映了本书失稳判据具有很强的鲁棒性。

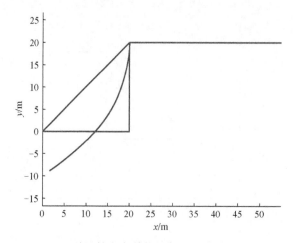

图 4.106　$\varphi=0.1°$时计算安全系数：当 $F_1=0.125$ 时，$x_{11}=12.1844$

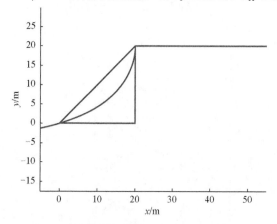

图 4.107　$\varphi=0.1°$时计算安全系数：当 $F_2=0.225$ 时，$x_{11}=-0.0158$

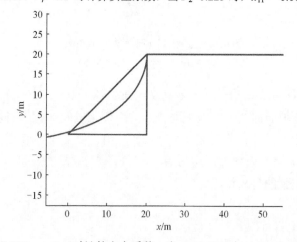

图 4.108　$\varphi=0.1°$时计算安全系数：当 $F_3=0.325$ 时，$x_{11}=-2.4846$

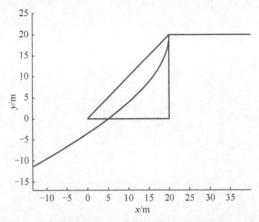

图 4.109　$\varphi=10°$时计算安全系数：当 $F_1=0.563$ 时，$x_{11}=5.0312$

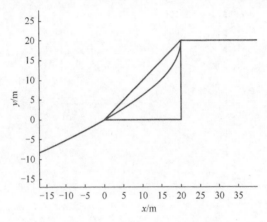

图 4.110　$\varphi=10°$时计算安全系数：当 $F_2=0.663$ 时，$x_{11}=-0.0546$

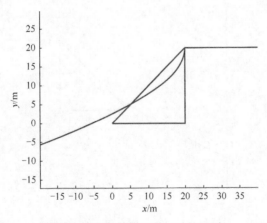

图 4.111　$\varphi=10°$时计算安全系数：当 $F_3=0.763$ 时，$x_{11}=-5.7688$

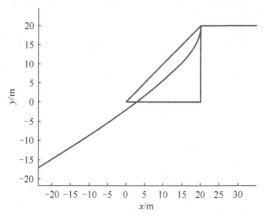

图 4.112　$\varphi=25°$时计算安全系数：当 $F_1=1.08$ 时，$x_{11}=2.7745$

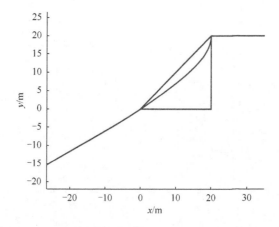

图 4.113　$\varphi=25°$时计算安全系数：当 $F_2=1.18$ 时，$x_{11}=0.0740$

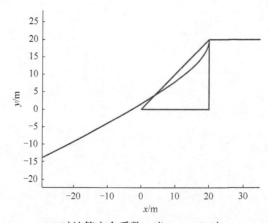

图 4.114　$\varphi=25°$时计算安全系数：当 $F_3=1.28$ 时，$x_{11}=-2.7172$

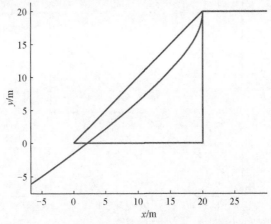

图 4.115　$\varphi=35°$ 时计算安全系数：当 $F_1=1.45$ 时，$x_{11}=2.0119$

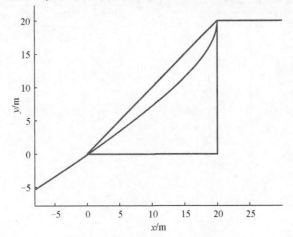

图 4.116　$\varphi=35°$ 时计算安全系数：当 $F_2=1.55$ 时，$x_{11}=0.0187$

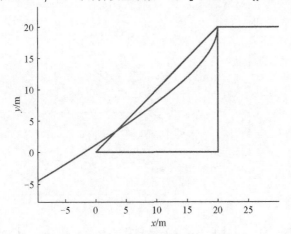

图 4.117　$\varphi=35°$ 时计算安全系数：当 $F_3=1.65$ 时，$x_{11}=-2.0113$

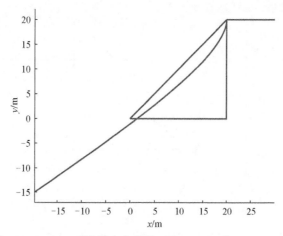

图 4.118　$\varphi=45°$时计算安全系数：当 $F_1=1.9$ 时，$x_{11}=1.4806$

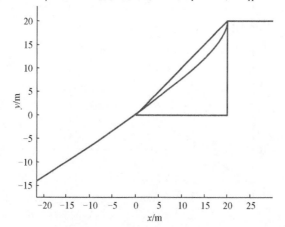

图 4.119　$\varphi=45°$时计算安全系数：当 $F_2=2$ 时，$x_{11}=-0.0157$

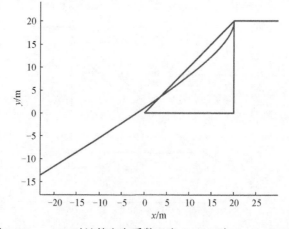

图 4.120　$\varphi=45°$时计算安全系数：当 $F_3=2.1$ 时，$x_{11}=-1.5278$

第 5 章　边坡样本分析

本章选用已有论文中的 6 个算例验算本书失稳判据方法的可行性，算例来源和计算参数见表 5.1。安全系数计算结果和对边坡状态判断结论对比以及误差分析见表 5.2。分析可知，本书失稳判据判断 No.3 和 No.6 为稳定状态，No.5 为失稳状态，与已有结论判断一致，No.2 已有结论为极限状态，本书判断为破坏状态，No.1 和 No.4 已有结论为稳定状态，本书判断为极限状态，因此本书失稳判据给出的边坡状态判断结果都比已有结论差一个安全等级，表明本书失稳判据是偏于安全的。No.5 算例误差为 26.09%，但 No.5 算例本书失稳判据对边坡状态的判断结果与已有结论一致，其他 5 个算例最小误差范围为 $\delta \in [2.55\%, 10\%]$，表明本书失稳判据计算安全系数是可靠的。对每个算例的失稳判据证明见图 5.1～图 5.18，6 个算例都给出了相同的结论，都是随着折减系数由 F_1 增大到 F_3，失稳判据评价标准 x_{11} 由大于 0 变为小于 0，F_2 时 $x_{11}=0$，判断边坡为极限状态，本书失稳判据计算的安全系数 $FOS_1=F_2$。

实际上，这里可以采用假设计算步长 Δx 初始值，如取 $\Delta x=0.001$，然后设定计算步长的增量为某个值，如 $\Delta(\Delta x)=0.001$，此时循环 $\Delta x=\Delta x+\Delta(\Delta x)$，直到满足条件 $y_{min}<0$，由此实现单折减系数强度折减法的循环计算，计算程序见附录 D。

表 5.1　已发表论文算例参数

序号（No.）	算例来源	γ /(kN/m³)	c /kPa	φ /(°)	α/(°)	H/m
1	Kelesoglu[84]	20	10	20	33.7	10
2	Shahrokhabadi 等[85] Dawson 等[9]	20	12.38	20	45	10
3	Xu 等[86]	20	20	20	26.6	20
4	Zheng 等[11]	25	317	22	40	300
5	Matsui 等 [14]	20	10	30	70	8
6	Arai 等[87]	18.82	41.65	15	33.7	20

表 5.2 计算结果对比与误差分析

序号（No.）	算例来源	FOS	FOS$_1$	δ/%
1	Kelesoglu[84]	1.14~1.2（稳定）	1.095（极限）	3.95~8.75
2	Shahrokhabadi 等[85]	0.98~1.09（极限）	0.9（破坏）	8.16~17.43
	Dawson 等[9]	1~1.03（极限）		10~12.62
3	Xu 等[86]	1.375~1.432（稳定）	1.34（稳定）	2.55~6.42
4	Zheng 等[11]	1.06~1.1（稳定）	0.9654（极限）	8.92~12.24
5	Matsui 等[14]	0.92（破坏）	0.68（破坏）	26.09
6	Arai 等[87]	1.265~1.451（稳定）	1.19（稳定）	5.93~17.99

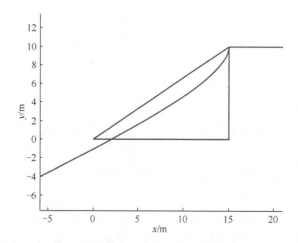

图 5.1 失稳判据对 No.1 计算安全系数：当 F_1=0.995 时，x_{11}=2.0499

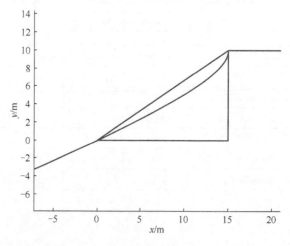

图 5.2 失稳判据对 No.1 计算安全系数：当 F_2=1.095 时，x_{11}=0.0550

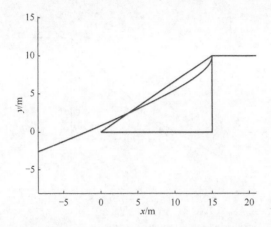

图 5.3 失稳判据对 No.1 计算安全系数：当 F_3=1.195 时，x_{11}= -1.9833

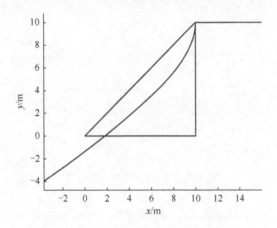

图 5.4 失稳判据对 No.2 计算安全系数：当 F_1=0.8 时，x_{11}= 1.8111

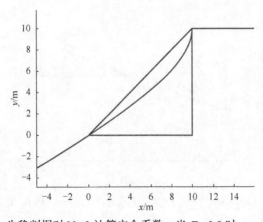

图 5.5 失稳判据对 No.2 计算安全系数：当 F_2=0.9 时，x_{11}=0.0636

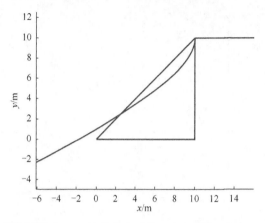

图 5.6 失稳判据对 No.2 计算安全系数：当 F_3=1.0 时，x_{11}= -1.7583

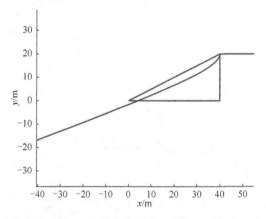

图 5.7 失稳判据对 No.3 计算安全系数：当 F_1=1.24 时，x_{11}= 4.2368

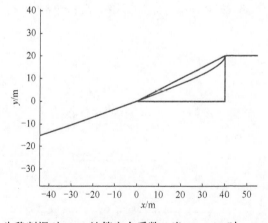

图 5.8 失稳判据对 No.3 计算安全系数：当 F_2=1.34 时，x_{11}= 0.0685

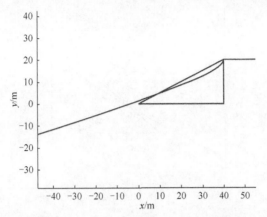

图 5.9　失稳判据对 No.3 计算安全系数：当 F_3=1.44 时，x_{11}= −4.1603

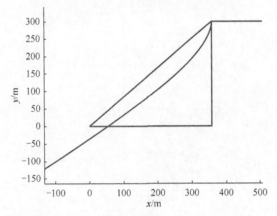

图 5.10　失稳判据对 No.4 计算安全系数：当 F_1=0.8654 时，x_{11}=54.1039

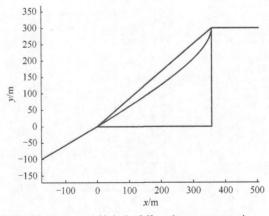

图 5.11　失稳判据对 No.4 计算安全系数：当 F_2=0.9654 时，x_{11}= −0.4601

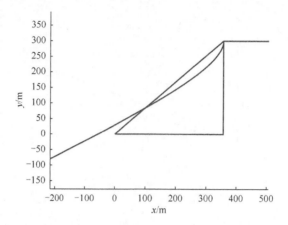

图 5.12　失稳判据对 No.4 计算安全系数：当 F_3=1.0654 时，x_{11}= −56.2970

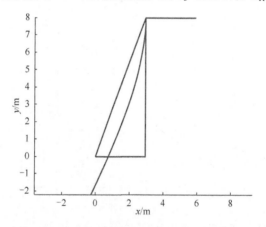

图 5.13　失稳判据对 No.5 计算安全系数：当 F_1=0.58 时，x_{11}= 0.7838

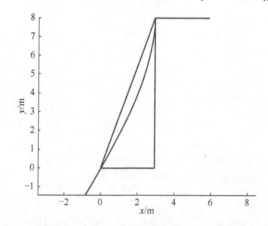

图 5.14　失稳判据对 No.5 计算安全系数：当 F_2=0.68 时，x_{11}= 0.0170

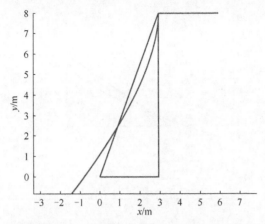

图 5.15　失稳判据对 No.5 计算安全系数：当 F_3=0.78 时，x_{11}= -0.8096

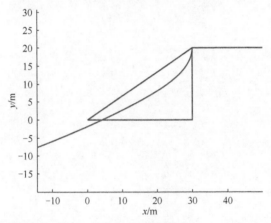

图 5.16　失稳判据对 No.6 计算安全系数：当 F_1=1.09 时，x_{11}= 4.2057

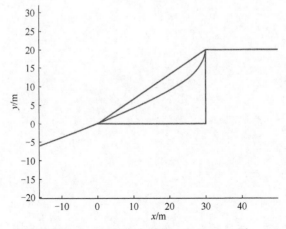

图 5.17　失稳判据对 No.6 计算安全系数：当 F_2=1.19 时，x_{11}= -0.0109

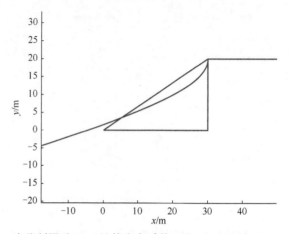

图 5.18　失稳判据对 No.6 计算安全系数：当 F_3=1.29 时，x_{11}= −4.4132

第6章 双折减系数强度折减法

6.1 与传统失稳判据的对比

如第 1 章所述，双折减系数强度折减法比单折减系数更加符合边坡工程实践和试验结果。在作者的学术成果[76]中，采用文献[30]的算例，计算参数见表 6.1。本书失稳判据与传统失稳判据（位移突变准则）在配套系数 k =0.9 时进行了对比分析，验证了本书失稳判据的优越性。

表 6.1 双折减系数强度折减法算例参数[30]

Γ/(kN/m³)	c/kPa	φ /(°)	α /(°)	H/m
16.5	15	25	45	10

本书仍采用文献[30]的算例，在已有成果[76]基础上进一步延伸，对配套系数为 k=1.1, 1.3, 1.5 时，本书失稳判据与传统位移突变准则进行对比分析，计算见图 6.1～图 6.12。由于文献[30]未给出不同配套系数的双折减系数强度折减法综合安全系数，因此不同配套系数的综合安全系数这里暂且不进行对比分析，关于双折减系数综合安全系数计算公式的深入探讨将在下一节进行。

先看传统的位移突变准则确定边坡失稳状态，分别见图 6.1、图 6.5、图 6.9。由图可知，不同配套系数位移曲线发生变化，反映了不同双折减系数 F_{1i} 和 F_{2i} 对强度参数产生了影响，位移发生变化，k 变化时位移突变点也发生了明显变化，比如：当 k=1.1 时，见图 6.1，通过人为观察，位移突变点大约在小于 1.25 处；当 k=1.3 时，见图 6.5，通过人为观察，位移突变点大约在 1.25 处；而当 k=1.5 时，见图 6.9，通过人为观察，位移突变点大约在 1.26 和 1.27 中间处。当然，对以上三幅图不同的人观察肯定有一定的区别，这就反映了传统失稳判据的两个不足：①没有统一的失稳标准，也就是说位移突变点会随着折减系数发生变化；②在判断位移突变点时需要人为判断安全系数的取值，也就是说传统的失稳判据包含人为主观因素，不同的人会取不同的安全系数值，作者认为这一点可能是强度折减法应用于边坡工程实践的最大障碍。

本书失稳判据不存在以上问题，首先有统一的失稳标准，即 $x_1 = 0$，然后计算时，不需要人为判断取值，由图 6.2～图 6.4、图 6.6～图 6.8、图 6.10～图 6.12 以及本书前四章的计算都可以得出这样的结论。

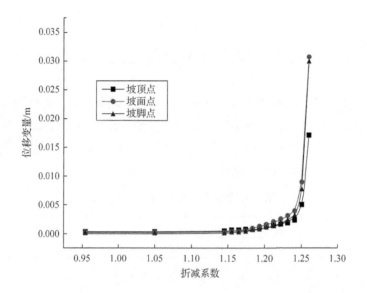

图 6.1　配套系数 k=1.1 时的位移突变准则计算边坡安全系数

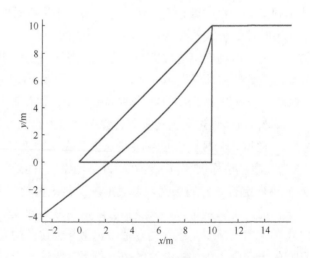

图 6.2　配套系数 k=1.1 时的本书失稳判据计算边坡安全系数：
当 F_{11}=1 和 F_{21}=1.1 时，x_{11}= 2.3331

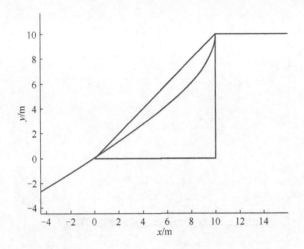

图 6.3　配套系数 k=1.1 时的本书失稳判据计算边坡安全系数：
当 F_{12}=1.18 和 F_{22}=1.298 时，x_{11}= −0.0817

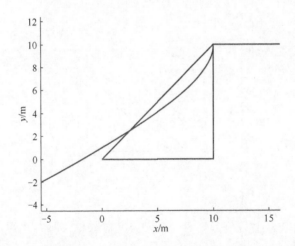

图 6.4　配套系数 k=1.1 时的本书失稳判据计算边坡安全系数：
当 F_{13}=1.3 和 F_{23}= 1.43 时，x_{11}= −1.775

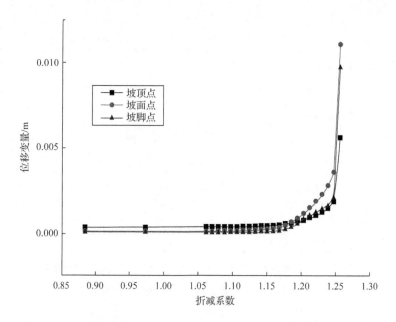

图 6.5 配套系数 k=1.3 时的位移突变准则计算边坡安全系数

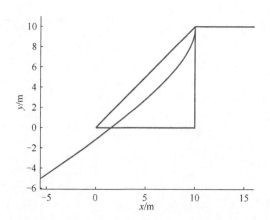

图 6.6 配套系数 k=1.3 时的本书失稳判据计算边坡安全系数:
当 F_{11}=1.0 和 F_{21}= 1.3 时,x_{11}= 1.554

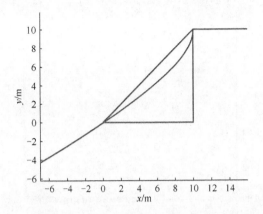

图 6.7　配套系数 k=1.3 时的本书失稳判据计算边坡安全系数：
当 F_{12}=1.11 和 F_{22}=1.443 时，x_{11}=−0.00017

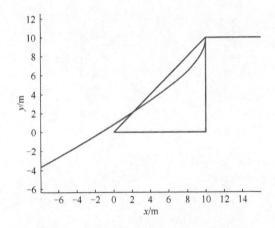

图 6.8　配套系数 k=1.3 时的本书失稳判据计算边坡安全系数：
当 F_{13}=1.2 和 F_{23}=1.56 时，x_{11}=−1.3116

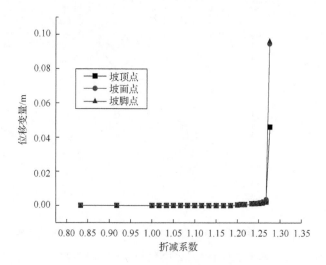

图 6.9　配套系数 $k=1.5$ 时的位移突变准则计算边坡安全系数

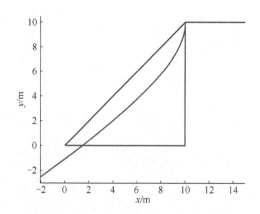

图 6.10　配套系数 $k=1.5$ 时的本书失稳判据计算边坡安全系数:
当 $F_{11}=0.96$ 和 $F_{21}=1.44$ 时，$x_{11}=1.4464$

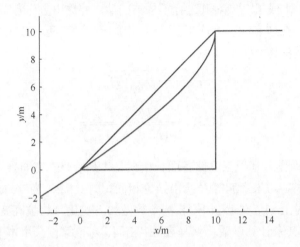

图 6.11　配套系数 k=1.5 时的本书失稳判据计算边坡安全系数：

当 F_{12}=1.06 和 F_{22}=1.59 时，x_{11}= −0.018

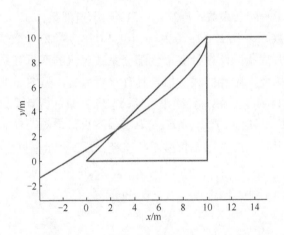

图 6.12　配套系数 k=1.5 时的本书失稳判据计算边坡安全系数：

当 F_{13}=1.16 和 F_{23}=1.74 时，x_{11}= −1.5248

6.2　综合安全系数计算公式的对比

在上一节中，本书未对双折减系数强度折减法的综合安全系数计算公式进行探讨。实际上，相对于单折减系数强度折减法直接由极限状态下的折减系数确定安全系数，双折减系数确定综合安全系数显得更加复杂。因为双折减系数最后确定边坡极限状态时，存在两个折减值。双折减系数确定综合安全系数计算公式有多种，作者的学术成果[71]中对其进行了总结归纳，并提出了作者研究的计算公式，这里不再重复。在作者的学术成果[76]中，明确指出以下两个公式具有普遍性，而且可以得到相同的综合安全系数：

$$\mathrm{FOS}_1 = \sqrt{F_{1\mathrm{crit}}^* \cdot F_{2\mathrm{crit}}^*} \qquad (6.1)$$

$$\mathrm{FOS}_2 = \frac{\sqrt{2}F_{2\mathrm{crit}}^* \cdot F_{1\mathrm{crit}}^*}{\sqrt{\left(F_{2\mathrm{crit}}^*\right)^2 + \left(F_{1\mathrm{crit}}^*\right)^2}} \qquad (6.2)$$

式（6.1）为作者基于强度储备面积概念在 $1/F_1 \sim 1/F_2$ 空间推导出来的综合安全系数计算公式，与朱彦鹏等[37]给出结论相同，式（6.2）为 Yuan 等[32]给出的研究成果。这里对上一节文献[30]的算例参数做如下变化，将坡高变为 H=45m，坡角变为 α=10°，其余计算参数仍然与表 6.1 相同。对该算例采用本书的失稳判据进行研究，同时对比式（6.1）和式（6.2）计算综合安全系数的区别。配套系数的取值采用作者的学术成果[76]的方法，见式（6.3）：

$$k = k_0 + i \cdot \Delta k \qquad (6.3)$$

式中，k_0=0.1 为初始配套系数；i=0, 1, $\cdots$, 19 表示自然数；Δk=0.05 表示配套系数增量值；配套系数为 k=[0.1, 0.15, 0.2, $\cdots$, 1.0, 1.05]，共 20 个数值。

双折减系数强度折减法在计算最优配套系数对应的双折减系数时采用强度折减最短路径法，因此，临界曲线的拟合具有重要意义，见图 6.13，其中 $M_0(1, 1)$ 表示初始点，$M_k(1/F_{2\mathrm{crit}}, 1/F_{1\mathrm{crit}})$ 表示配套系数 k=1 即单折减系数强度折减法的临界点，此时 $F_2=F_1$，$M_{\min}(1/F_{2\mathrm{crit}}^*, 1/F_{1\mathrm{crit}}^*)$ 表示强度折减最短路径法确定的双折减系数强度折减法临界点，L_k 表示单折减系数路径，$L_{\min}$ 表示强度折减最短路径。

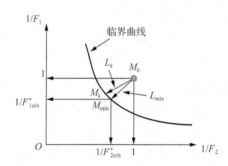

图 6.13　强度折减最短路径法计算综合安全系数[76]

采用本书失稳判据对 k=[0.1, 0.15, 0.2, $\cdots$, 1.0, 1.05]共 20 个配套系数分别计算边坡极限状态的双折减系数，计算结果见图 6.14～图 6.73，双折减系数计算结果见表 6.2，强度折减最短路径见图 6.74，可得 $M_{\min}$ 对应的双折减系数为 $1/F_{2\mathrm{crit}}^* =$

$1/1.0478$，$1/F_{1\text{crit}}^{*}=1/3.9476$，则最优配套系数为 $k^{*}=F_{2\text{crit}}^{*}/F_{1\text{crit}}^{*}=1.0478/3.9476=0.2655$，由此得出的结论是：坡角较小（$\alpha=10°$）和坡高较大（$H=45\text{m}$）的高缓边坡摩擦角依然对稳定性起主要作用。

将 $F_{2\text{crit}}^{*}=1.0478$ 和 $F_{1\text{crit}}^{*}=3.9476$ 代入式（6.1）和式（6.2）计算综合安全系数，Isakov 等[42]给出了传统强度折减最短路径法只适用于 FOS>1 情况的综合安全系数公式（6.4），这里用作对比分析：

$$FOS_{3}=\frac{1}{1-R/\sqrt{2}} \tag{6.4}$$

式中，$R=\sqrt{(1-1/F_{1\text{crit}}^{*})^{2}-(1-1/F_{2\text{crit}}^{*})^{2}}$。

双折减系数强度折减法综合安全系数对比见表 6.3，分析可知：单折减系数强度折减法为双折减系数强度折减法的特例，即配套系数 $k=1$ 时的双折减系数强度折减法计算结果为单折减系数计算结果，本例单折减系数强度折减法安全系数计算结果为 $FOS_{1}=3.27$，与极限平衡法 Simple Bishop 和 Janbu 以及基于传统失稳判据的有限差分软件 FLAC2D7.0/SLOPE 计算结果误差分别为 3.98%、7.34%和 2.75%，三者误差均小于 10%。双折减系数强度折减法计算结果三个公式[式（6.1）和式（6.2）以及式（6.3）]都小于单折减系数计算结果，说明强度折减最短路径法给出了最优的计算结果，表明单折减系数计算结果高估了边坡稳定性，是偏于不安全的。本书双折减系数强度折减法综合安全系数公式（6.1）计算结果为 $FOS_{1}=2.03$，与 Isakov 等[42]给出式（6.3）计算结果 $FOS_{3}=2.12$ 的误差为 4.25%，而式（6.2）计算结果为 $FOS_{2}=1.43$，与式（6.3）计算结果的误差为 32.55%，表明式（6.1）和式（6.2）在本算例参数条件下，两者并不一致，这与作者的学术成果[76]的结论不同，同时更进一步说明了式（6.1）的可靠性。

本书方法——双折减系数强度折减法循环计算程序见附录 E。

表 6.2　本书失稳判据计算不同配套系数对应的双折减系数

k	$F_{1\text{crit}}$	$F_{2\text{crit}}$
0.1	4.97	0.497
0.15	4.46	0.669
0.2	4.17	0.834
0.25	3.99	0.9975
0.3	3.85	1.155
0.35	3.75	1.3125
0.4	3.67	1.468
0.45	3.6	1.62

k	F_{1crit}	F_{2crit}
0.5	3.55	1.775
0.55	3.5	1.925
0.6	3.46	2.076
0.65	3.43	2.2295
0.7	3.4	2.38
0.75	3.37	2.5275
0.8	3.35	2.68
0.85	3.32	2.822
0.9	3.3	2.97
0.95	3.29	3.1255
1.0	3.27	3.27
1.05	3.25	3.4125

表 6.3　双折减系数强度折减法综合安全系数对比

Simple Bishop	Janbu	FLAC2D7.0/SLOPE	本书单折减系数 $k=1$	式（6.1）FOS_1	式（6.2）FOS_2[32]	式（6.4）FOS_3[42]
3.14	3.03	3.18	3.27	2.03	1.43	2.12

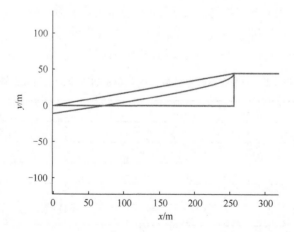

图 6.14　配套系数 k=0.1 时的本书失稳判据计算边坡安全系数：
当 F_{11}=3.97 和 F_{21}=0.397 时，x_{11}=70.3312

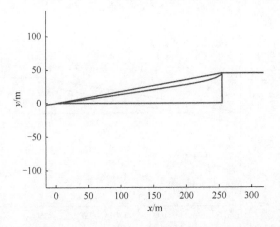

图 6.15　配套系数 k=0.1 时的本书失稳判据计算边坡安全系数：
当 F_{12}=4.97 和 F_{22}=0.497 时，x_{11}= -0.7182

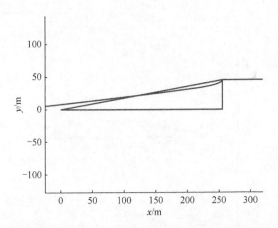

图 6.16　配套系数 k=0.1 时的本书失稳判据计算边坡安全系数：
当 F_{13}=5.97 和 F_{23}=0.597 时，x_{11}= -74.8534

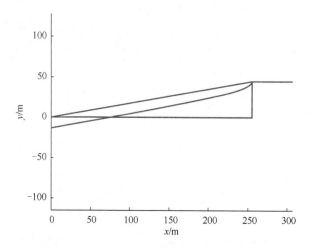

图 6.17　配套系数 $k=0.15$ 时的本书失稳判据计算边坡安全系数：
当 $F_{11}=3.46$ 和 $F_{21}=0.519$ 时，$x_{11}=74.6671$

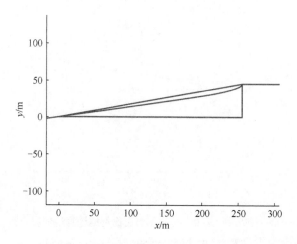

图 6.18　配套系数 $k=0.15$ 时的本书失稳判据计算边坡安全系数：
当 $F_{12}=4.46$ 和 $F_{22}=0.669$ 时，$x_{11}=-0.4161$

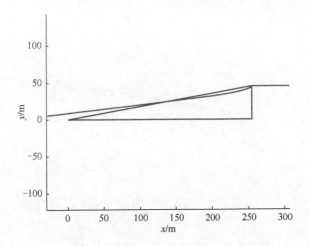

图 6.19　配套系数 $k=0.15$ 时的本书失稳判据计算边坡安全系数：
当 $F_{13}=5.46$ 和 $F_{23}=0.8190$ 时，$x_{11}=-78.3363$

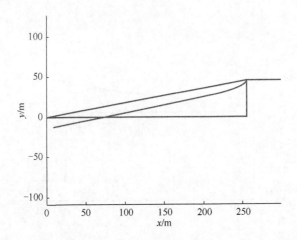

图 6.20　配套系数 $k=0.2$ 时的本书失稳判据计算边坡安全系数：
当 $F_{11}=3.17$ 和 $F_{21}=0.6340$ 时，$x_{11}=77.4983$

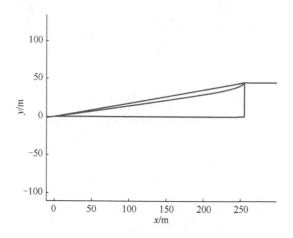

图 6.21　配套系数 k=0.2 时的本书失稳判据计算边坡安全系数：
当 F_{12}=4.17 和 F_{22}=0.834 时，x_{11}= -0.1486

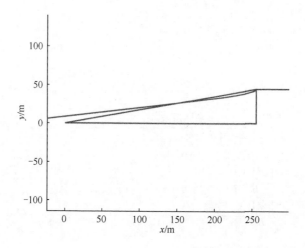

图 6.22　配套系数 k=0.2 时的本书失稳判据计算边坡安全系数：
当 F_{13}=5.17 和 F_{23}=1.0340 时，x_{11}= -80.4056

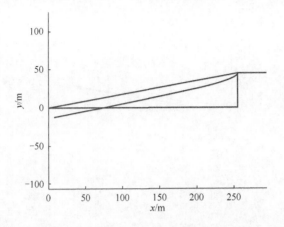

图 6.23 配套系数 k=0.25 时的本书失稳判据计算边坡安全系数:
当 F_{11}=2.99 和 F_{21}=0.7475 时,x_{11}= 78.6797

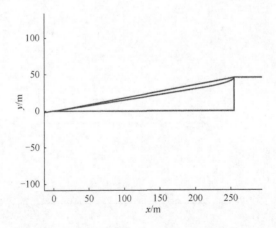

图 6.24 配套系数 k=0.25 时的本书失稳判据计算边坡安全系数:
当 F_{12}=3.99 和 F_{22}=0.9975 时,x_{11}= −0.7914

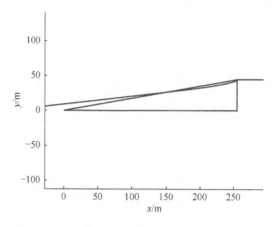

图 6.25　配套系数 k=0.25 时的本书失稳判据计算边坡安全系数：
当 F_{13}=4.99 和 F_{23}= 1.2475 时，x_{11}= -82.6681

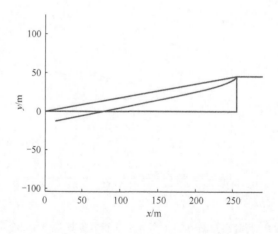

图 6.26　配套系数 k=0.3 时的本书失稳判据计算边坡安全系数：
当 F_{11}=2.85 和 F_{21}= 0.855 时，x_{11}= 80.4126

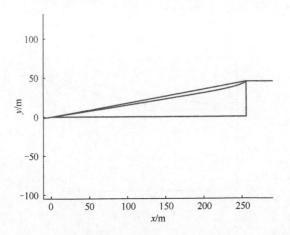

图 6.27　配套系数 k=0.3 时的本书失稳判据计算边坡安全系数：
当 F_{12}=3.85 和 F_{22}=1.155 时，x_{11}= -0.3968

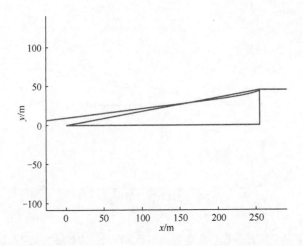

图 6.28　配套系数 k=0.3 时的本书失稳判据计算边坡安全系数：
当 F_{13}=4.85 和 F_{23}= 1.455 时，x_{11}= -83.4456

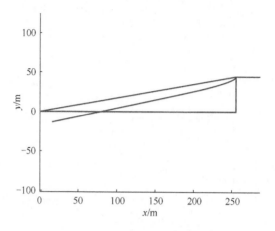

图 6.29　配套系数 k=0.35 时的本书失稳判据计算边坡安全系数：
当 F_{11}=2.75 和 F_{21}=0.9625 时，x_{11}=81.2746

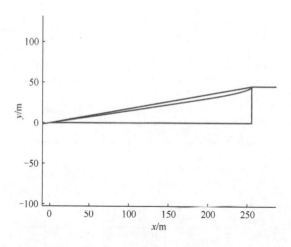

图 6.30　配套系数 k=0.35 时的本书失稳判据计算边坡安全系数：
当 F_{12}=3.75 和 F_{22}=1.3125 时，x_{11}=−0.5948

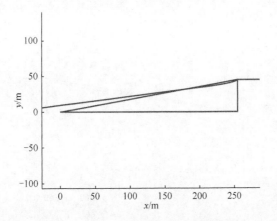

图 6.31　配套系数 k=0.35 时的本书失稳判据计算边坡安全系数：
当 F_{13}=4.75 和 F_{23}=1.6625 时，x_{11}=-84.5667

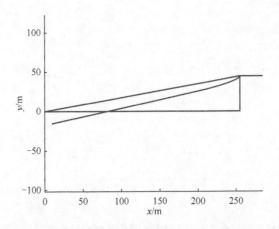

图 6.32　配套系数 k=0.4 时的本书失稳判据计算边坡安全系数：
当 F_{11}=2.67 和 F_{21}=1.068 时，x_{11}=82.0941

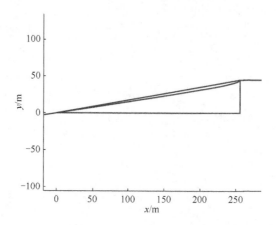

图 6.33 配套系数 $k=0.4$ 时的本书失稳判据计算边坡安全系数：
当 $F_{12}=3.67$ 和 $F_{22}=1.4680$ 时，$x_{11}=-0.6071$

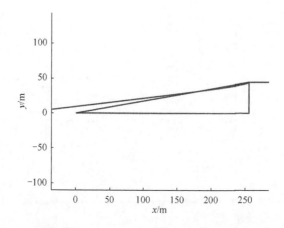

图 6.34 配套系数 $k=0.4$ 时的本书失稳判据计算边坡安全系数：
当 $F_{13}=4.67$ 和 $F_{23}=1.868$ 时，$x_{11}=-85.2912$

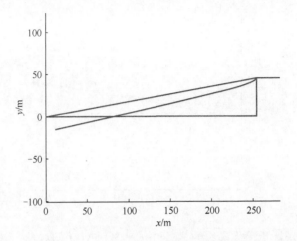

图 6.35　配套系数 $k=0.45$ 时的本书失稳判据计算边坡安全系数:
当 $F_{11}=2.6$ 和 $F_{21}=1.17$ 时，$x_{11}=83.1465$

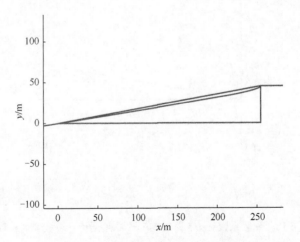

图 6.36　配套系数 $k=0.45$ 时的本书失稳判据计算边坡安全系数:
当 $F_{12}=3.6$ 和 $F_{22}=1.62$ 时，$x_{11}=-0.2427$

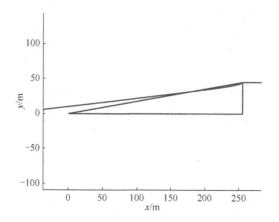

图 6.37　配套系数 k=0.45 时的本书失稳判据计算边坡安全系数：
当 F_{13}=4.6 和 F_{23}=2.07 时，x_{11}= −85.5143

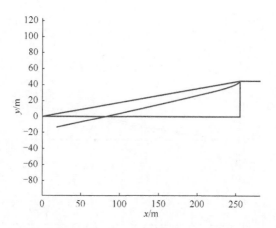

图 6.38　配套系数 k=0.5 时的本书失稳判据计算边坡安全系数：
当 F_{11}=2.55 和 F_{21}=1.2750 时，x_{11}= 83.3144

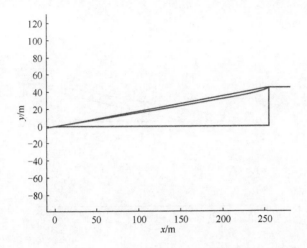

图 6.39 配套系数 $k=0.5$ 时的本书失稳判据计算边坡安全系数：
当 $F_{12}=3.55$ 和 $F_{22}=1.775$ 时，$x_{11}=-0.6910$

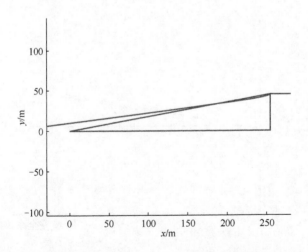

图 6.40 配套系数 $k=0.5$ 时的本书失稳判据计算边坡安全系数：
当 $F_{13}=4.55$ 和 $F_{23}=2.275$ 时，$x_{11}=-85.5143$

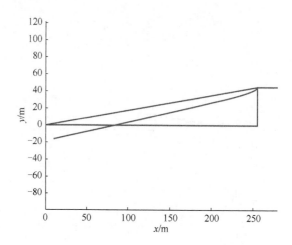

图 6.41　配套系数 k=0.55 时的本书失稳判据计算边坡安全系数：
当 F_{11}=2.5 和 F_{21}=1.375 时，x_{11}= 84.1771

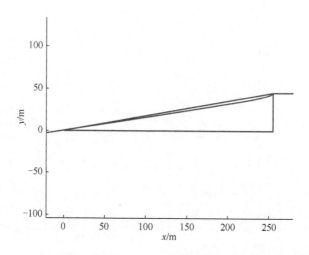

图 6.42　配套系数 k=0.55 时的本书失稳判据计算边坡安全系数：
当 F_{12}=3.5 和 F_{22}= 1.925 时，x_{11}= -0.2956

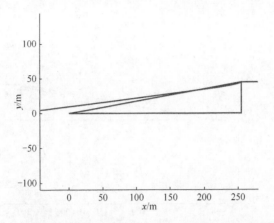

图 6.43　配套系数 k=0.55 时的本书失稳判据计算边坡安全系数：
当 F_{13}=4.5 和 F_{23}=2.475 时，x_{11}= −86.4781

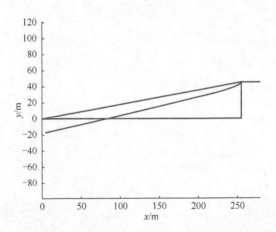

图 6.44　配套系数 k=0.6 时的本书失稳判据计算边坡安全系数：
当 F_{11}=2.46 和 F_{21}=1.476 时，x_{11}= 84.6633

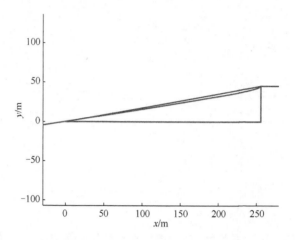

图 6.45　配套系数 k=0.6 时的本书失稳判据计算边坡安全系数：
当 F_{12}=3.46 和 F_{22}=2.0760 时，x_{11}= -0.2252

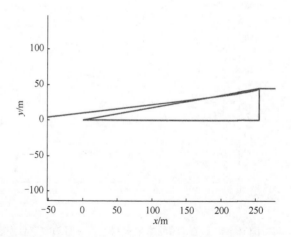

图 6.46　配套系数 k=0.6 时的本书失稳判据计算边坡安全系数：
当 F_{13}=4.46 和 F_{23}=2.676 时，x_{11}= -86.7532

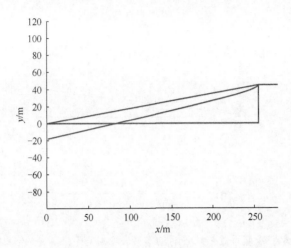

图 6.47　配套系数 k=0.65 时的本书失稳判据计算边坡安全系数：
当 F_{11}=2.43 和 F_{21}=1.5795 时，x_{11}= 84.6684

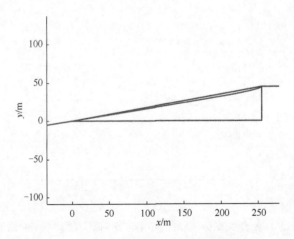

图 6.48　配套系数 k=0.65 时的本书失稳判据计算边坡安全系数：
当 F_{12}=3.43 和 F_{22}= 2.2295 时，x_{11}= -0.5998

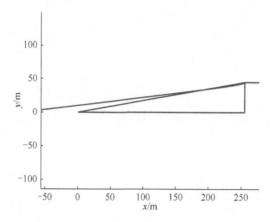

图 6.49　配套系数 k=0.65 时的本书失稳判据计算边坡安全系数：
当 F_{13}=4.43 和 F_{23}=2.8795 时，x_{11}= -87.4409

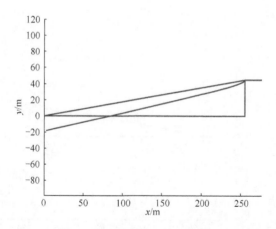

图 6.50　配套系数 k=0.7 时的本书失稳判据计算边坡安全系数：
当 F_{11}=2.4 和 F_{21}= 1.68 时，x_{11}=84.9591

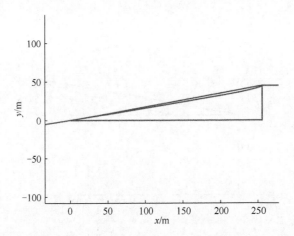

图 6.51　配套系数 k=0.7 时的本书失稳判据计算边坡安全系数:
当 F_{12}=3.4 和 F_{22}= 2.38 时，x_{11}= −0.6445

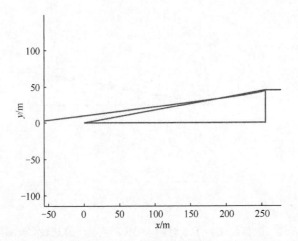

图 6.52　配套系数 k=0.7 时的本书失稳判据计算边坡安全系数:
当 F_{12}=4.4 和 F_{22}=3.08 时，x_{11}= −87.7638

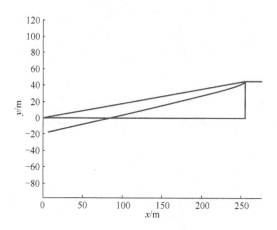

图 6.53　配套系数 k=0.75 时的本书失稳判据计算边坡安全系数：
当 F_{11}=2.37 和 F_{21}=1.7775 时，x_{11}=85.4846

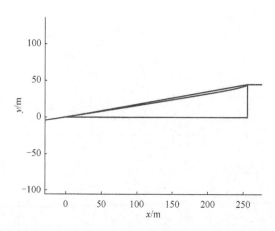

图 6.54　配套系数 k=0.75 时的本书失稳判据计算边坡安全系数：
当 F_{12}=3.37 和 F_{22}=2.5275 时，x_{11}= -0.4202

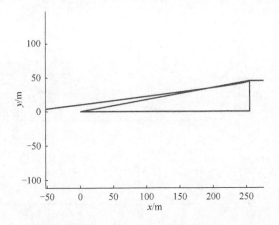

图 6.55　配套系数 k=0.75 时的本书失稳判据计算边坡安全系数：
当 F_{13}=4.37 和 F_{23}=3.2775 时，x_{11}= -87.7912

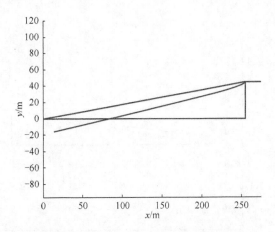

图 6.56　配套系数 k=0.8 时的本书失稳判据计算边坡安全系数：
当 F_{11}=2.35 和 F_{21}=1.88 时，x_{11}= 85.3531

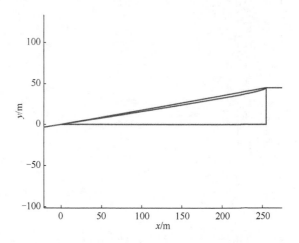

图 6.57　配套系数 $k=0.8$ 时的本书失稳判据计算边坡安全系数：
当 $F_{12}=3.35$ 和 $F_{22}=2.68$ 时，$x_{11}=-0.8441$

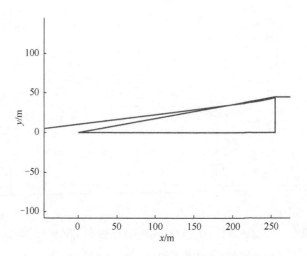

图 6.58　配套系数 $k=0.8$ 时的本书失稳判据计算边坡安全系数：
当 $F_{13}=4.35$ 和 $F_{23}=3.48$ 时，$x_{11}=-88.4571$

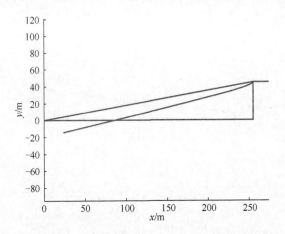

图 6.59　配套系数 k=0.85 时的本书失稳判据计算边坡安全系数：
当 F_{11}=2.32 和 F_{21}= 1.972 时，x_{11}= 86.2347

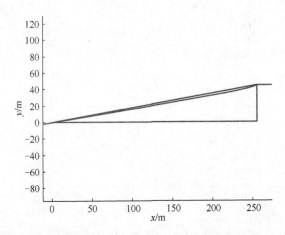

图 6.60　配套系数 k=0.85 时的本书失稳判据计算边坡安全系数：
当 F_{12}=3.32 和 F_{22}=2.822 时，x_{11}= -0.2158

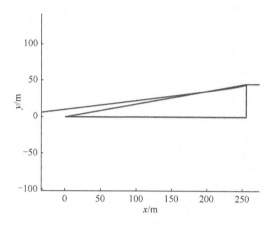

图 6.61　配套系数 k=0.85 时的本书失稳判据计算边坡安全系数：
当 F_{13}=4.32 和 F_{23}= 3.672 时，x_{11}= -88.0454

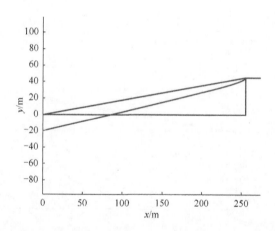

图 6.62　配套系数 k=0.9 时的本书失稳判据计算边坡安全系数：
当 F_{11}=2.3 和 F_{21}= 2.07 时，x_{11}= 86.5963

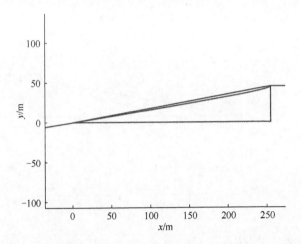

图 6.63　配套系数 k=0.9 时的本书失稳判据计算边坡安全系数：
当 F_{12}=3.3 和 F_{22}=2.97 时，x_{11}= −0.0109

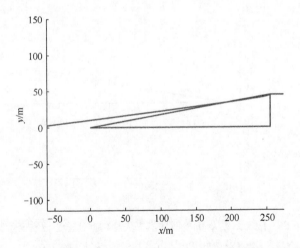

图 6.64　配套系数 k=0.9 时的本书失稳判据计算边坡安全系数：
当 F_{13}=4.3 和 F_{23}= 3.87 时，x_{11}= −87.9622

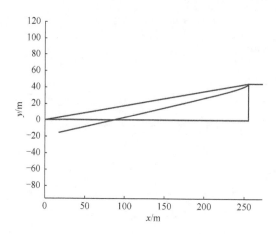

图 6.65　配套系数 k=0.95 时的本书失稳判据计算边坡安全系数：
当 F_{11}=2.29 和 F_{21}= 2.1755 时，x_{11}= 86.0228

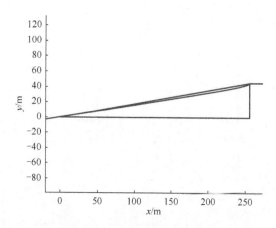

图 6.66　配套系数 k=0.95 时的本书失稳判据计算边坡安全系数：
当 F_{12}=3.29 和 F_{22}= 3.1255 时，x_{11}= -0.8370

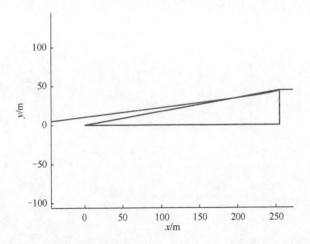

图 6.67 配套系数 k=0.95 时的本书失稳判据计算边坡安全系数：
当 F_{13}=4.29 和 F_{23}= 4.0755 时，x_{11}= -88.9933

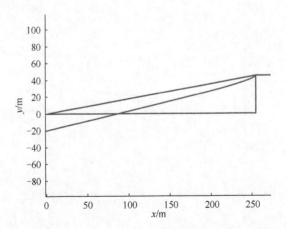

图 6.68 配套系数 k=1.0 时的本书失稳判据计算边坡安全系数：
当 F_{11}=2.27 和 F_{21}= 2.27 时，x_{11}= 86.6208

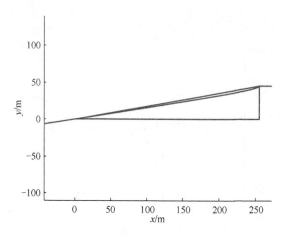

图 6.69　配套系数 k=1.0 时的本书失稳判据计算边坡安全系数：
当 F_{12}=3.27 和 F_{22}= 3.27 时，x_{11}= −0.3585

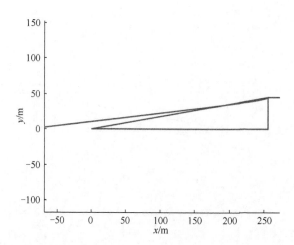

图 6.70　配套系数 k=1.0 时的本书失稳判据计算边坡安全系数：
当 F_{13}=4.27 和 F_{23}= 4.27 时，x_{11}= −88.6098

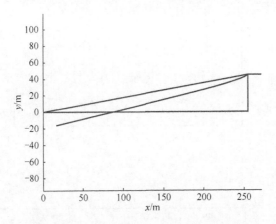

图 6.71　配套系数 k=1.05 时的本书失稳判据计算边坡安全系数：
当 F_{11}=2.25 和 F_{21}= 2.3625 时，x_{11}= 87.0940

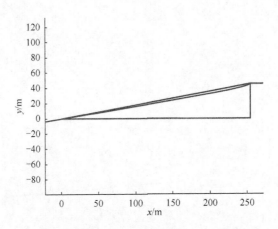

图 6.72　配套系数 k=1.05 时的本书失稳判据计算边坡安全系数：
当 F_{12}=3.25 和 F_{22}= 3.4125 时，x_{11}= -0.0982

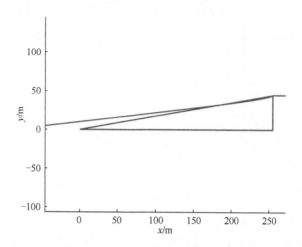

图 6.73   配套系数 k=1.05 时的本书失稳判据计算边坡安全系数：
当 F_{13}=4.25 和 F_{23}= 4.4625 时，x_{11}= -88.5268

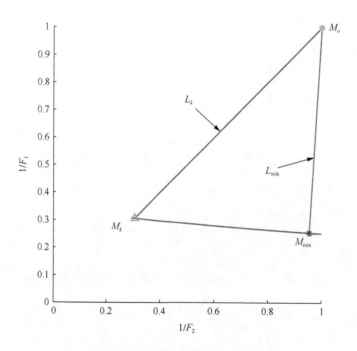

图 6.74   强度折减最短路径法计算图

第7章　边坡优化设计

作者的研究成果[79]给出了基于本书失稳判据的边坡优化设计方法，并申请了相关国家专利[80]，主要是与空间力学原理[47, 62]对比分析，表明本书方法的优越性，限于篇幅，没有给出极限坡角的具体计算过程。基于已有的研究成果[79,80]，本书失稳判据给出相关极限坡角的计算过程以及对比空间力学原理极限坡角提高的百分比分析。

边坡计算参数[47]为 $\gamma=27kN/m^3$、$c=200kPa$、$\varphi=45°$，本书失稳判据计算的极限坡角与空间力学原理计算结果对比见表 7.1，极限坡角的计算图见图 7.1～图 7.30。由表 7.1 分析可知，本书失稳判据计算的极限坡角比空间力学原理提高了 4.62%～15.38%，可以明显减少废石剥离量，而图 7.1～图 7.30 证明了图 1.9～图 1.11 给出的本书失稳判据计算极限坡角的可行性，表明基于本书失稳判据的边坡优化设计方法是可靠的。

表 7.1　极限坡角的对比分析

H/m	空间力学原理[47, 62]计算极限坡角/(°)	本书失稳判据计算极限坡角/(°)	坡角提高百分比/%
91.2	61.2618	72.4	15.38
167.1517	59.1096	66.2	10.71
301.1683	56.4126	60.8	7.22
424.1275	54.7269	58.2	5.97
541.4806	53.5462	56.6	5.4
655.4352	52.6617	55.45	5.03
767.1068	51.9689	54.64	4.89
877.1384	51.4084	53.97	4.75
985.9	50.9437	53.44	4.67
1040	50.7395	53.195	4.62

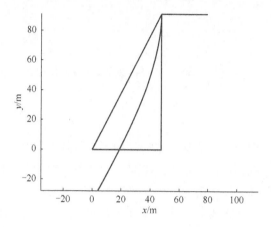

图 7.1　坡高 H=91.2m 时极限坡角计算图：α_1=62.4°，x_{11}=18.7279

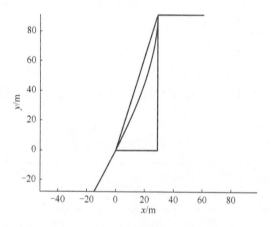

图 7.2　坡高 H=91.2m 时极限坡角计算图：α_2=72.4°，x_{11}=-0.02

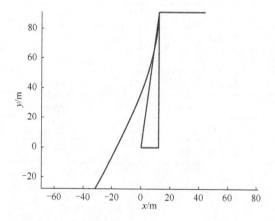

图 7.3　坡高 H=91.2m 时极限坡角计算图：α_3=82.4°，x_{11}=-16.7816

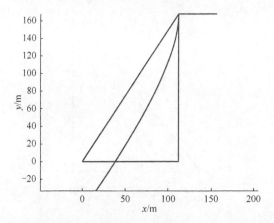

图 7.4　坡高 H=167.2m 时极限坡角计算图：α_1=56.2°，x_{11}= 38.1830

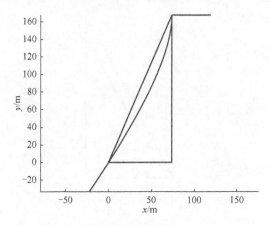

图 7.5　坡高 H=167.2m 时极限坡角计算图：α_2=66.2°，x_{11}= −0.0037

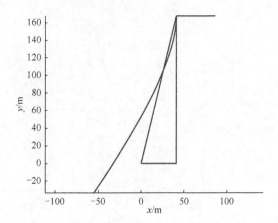

图 7.6　坡高 H=167.2m 时极限坡角计算图：α_3=76.2°，x_{11}= −32.6794

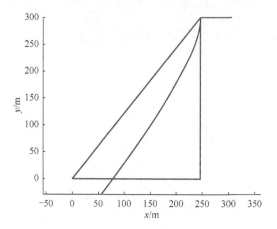

图 7.7　坡高 H=301.2m 时极限坡角计算图：α_1=50.8°，x_{11}=77.3373

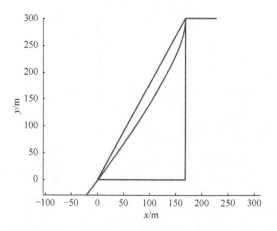

图 7.8　坡高 H=301.2m 时极限坡角计算图：α_2=60.8°，x_{11}= 0.0196

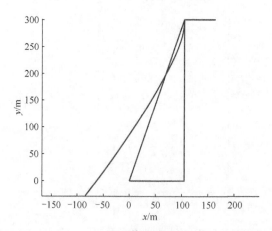

图 7.9　坡高 H=301.2m 时极限坡角计算图：α_3=70.8°，x_{11}= −63.4265

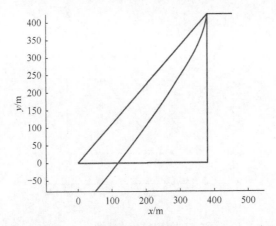

图 7.10　坡高 H=424.1m 时极限坡角计算图：α_1=48.2°，x_{11}=116.3177

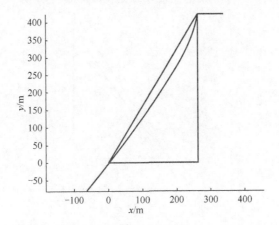

图 7.11　坡高 H=424.1m 时极限坡角计算图：α_2=58.2°，x_{11}= 0.0817

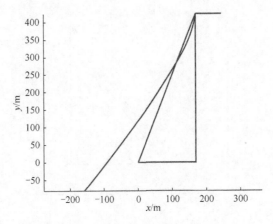

图 7.12　坡高 H=424.1m 时极限坡角计算图：α_3=68.2°，x_{11}= -93.2435

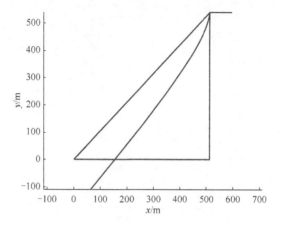

图 7.13　坡高 H=541.5m 时极限坡角计算图：α_1=46.6°，x_{11}= 154.9472

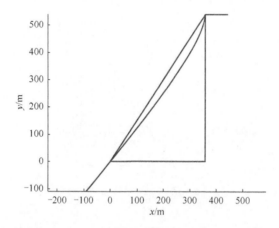

图 7.14　坡高 H=541.5m 时极限坡角计算图：α_2=56.6°，x_{11}= -0.0705

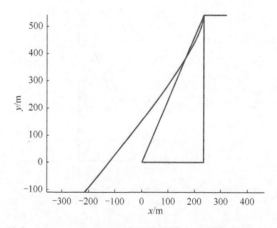

图 7.15　坡高 H=541.5m 时极限坡角计算图：α_3=66.6°，x_{11}= -122.7959

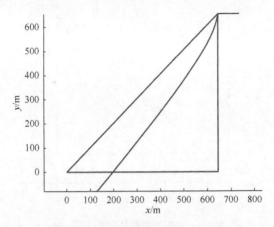

图 7.16　坡高 H=655.4m 时极限坡角计算图：α_1=45.45°，x_{11}= 193.9522

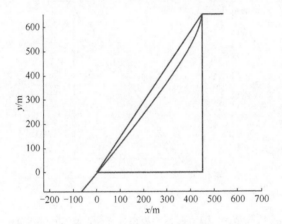

图 7.17　坡高 H=655.4m 时极限坡角计算图：α_2=55.45°，x_{11}= 0.0537

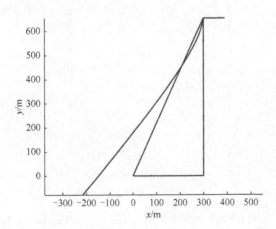

图 7.18　坡高 H=655.4m 时极限坡角计算图：α_3=65.45°，x_{11}= -151.8589

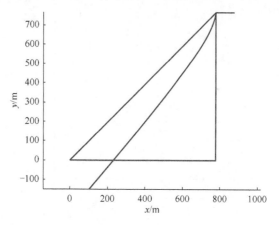

图 7.19　坡高 H=767.1m 时极限坡角计算图：α_1=44.64°，x_{11}= 232.3588

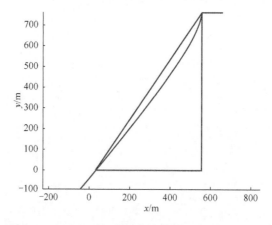

图 7.20　坡高 H=767.1m 时极限坡角计算图：α_2=54.64°，x_{11}= -0.098

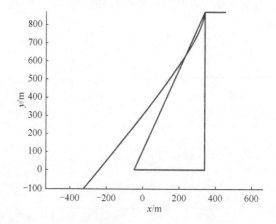

图 7.21　坡高 H=767.1m 时极限坡角计算图：α_3=64.64°，x_{11}=-180.8522

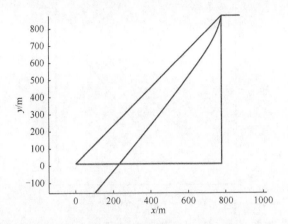

图 7.22　坡高 H=877.1m 时极限坡角计算图：α_1=43.97°，x_{11}= 271.3391

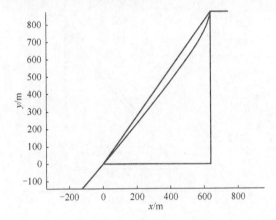

图 7.23　坡高 H=877.1m 时极限坡角计算图：α_2=53.97°，x_{11}= 0.0756

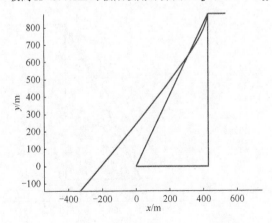

图 7.24　坡高 H=877.1m 时极限坡角计算图：α_3=63.97°，x_{11}= −209.5179

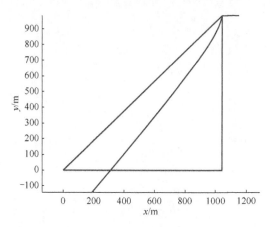

图 7.25　坡高 H=985.9m 时极限坡角计算图：α_1=43.44°，x_{11}=309.9842

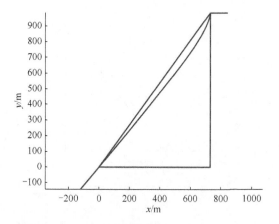

图 7.26　坡高 H=985.9m 时极限坡角计算图：α_2=53.44°，x_{11}= 0.0077

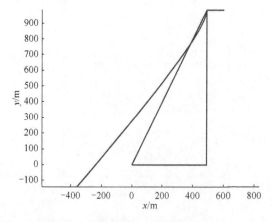

图 7.27　坡高 H=985.9m 时极限坡角计算图：α_3=63.44°，x_{11}=−238.2776

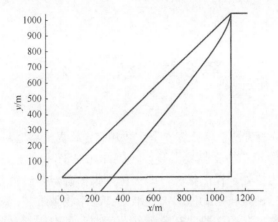

图 7.28　坡高 H=1040m 时极限坡角计算图：α_1=43.195°，x_{11}=329.5089

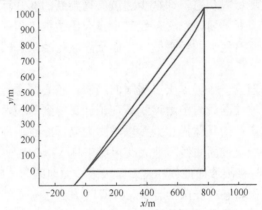

图 7.29　坡高 H=1040m 时极限坡角计算图：α_2=53.195°，x_{11}=-0.0113

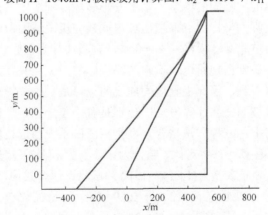

图 7.30　坡高 H=1040m 时极限坡角计算图：α_3=63.195°，x_{11}=-252.7165

第8章 结 论

边坡稳定性分析方法包括计算安全系数和确定临界滑裂面两个方面的内容，强度折减法不需要假设和搜索临界滑裂面，因此相对于其他方法具有一定的优势，关键是如何判断边坡处于极限状态，即失稳判据的确定是一个难题。目前的失稳判据主要有以下三种方法：①位移突变准则；②不收敛准则；③贯通准则。其中塑性区贯通是边坡破坏的必要非充分条件，而前两种准则都需要设定收敛参数或者人为主观判断边坡极限状态，即缺少边坡失稳判断的客观标准。边坡优化设计在工程实践中具有重要的研究意义，尤其是露天矿边坡工程中，坡角的提高可以减少废石剥离量，具有巨大的经济效益，而极限坡角的求解同样需要边坡失稳判据的确定。

基于滑移线场理论，作者提出了极限曲线法，核心概念是边坡失稳变形破坏准则，该准则以边坡坡面线与由滑移线场理论计算得到的极限坡面曲线的相对位置关系判断边坡稳定性，具体描述为：以坡脚为坐标原点，当边坡坡面线与极限坡面曲线相离，即极限坡面曲线与坡底交点横坐标 $x_{11}>0$ 时，判断边坡为稳定状态；当边坡坡面线与极限坡面曲线相交，即极限坡面曲线与坡底交点横坐标 $x_{11}<0$ 时，判断边坡为失稳状态。美国学者 Jeldes 等[81]发表了基于滑移线场理论的凹形边坡设计论文，提出了临界坡面的概念。本书作者对其进行推广后也可以得出与边坡失稳变形破坏准则相同的概念。基于变形破坏准则，本书提出了一种新的边坡失稳判据：设坡脚为坐标原点，当边坡坡面线与极限坡面曲线相交于坡脚时，即极限坡面曲线与坡底交点横坐标 $x_{11}=0$ 时，判断边坡为极限状态。

本书提出的失稳判据判断边坡状态的评价标准为 $x_{11}=0$，而 x_{11} 由极限坡面曲线和坡底相交计算得到，因此极限坡面曲线的计算是一个关键点。有三种基于滑移线场理论的极限坡面曲线计算方法，分别是有限差分法、理论简化公式、试验近似公式。作者将上述三种方法结合强度折减法应用于两道边坡经典考题安全系数的计算，并与已有参考答案对比，结论为：对考题 a，有限差分法误差为(1.96~2.94)%，理论简化公式误差为(14.14~15)%，试验近似公式误差为(17.17~18)%；对考题 b，有限差分法误差为(12.67~22.94)%，理论简化公式误差为(12.82~23.07)%，试验近似公式误差为(30~38.23)%。分析可知：对考题 a，有限差分法可以得到与已有答案一致的结论，试验近似公式误差最大；对考题 b，有限差分法与理论简化公式安全系数计算结果接近，但有限差分法小于已有答案，偏于安全，而理论简化公式大于已有答案，偏于危险，试验近似公式误差仍然最大。由此可知，有限差分法最适合本书失稳判据中极限坡面曲线的计算。同时，三种方法对两道经典考题强度折减法的计算都表现出同样的性质，即随着折减系数的增大，本书失稳判据的评价标准为 x_{11} 都是由大于 0 变为小于 0，也就是说，随着折减系数的增大，边坡由稳定状态变为失稳状态，证明了本书失稳判据应用于强度折减法的可行性。

有限差分法作为一种数值计算方法，边界条件的选择对计算结果具有重要影响。已有结论表明，折减系数增量 ΔF 为 0.01 可以满足安全系数计算精度的要求，而步长 Δx 变小和步长数 N_1 变大时，本书失稳判据计算安全系数的收敛性良好。本书进一步研究了步长 Δx 和步长数 N_1 对失稳判据评价标准 x_{11} 和安全系数的影响，结论为：当极限坡面曲线最小纵坐标小于 0 时，步长数 N_1 对失稳判据评价标准 x_{11} 的计算无影响，而步长 Δx 越小，x_{11} 越稳定；步长 Δx 越小，步长数 N_1 越大，安全系数的计算值收敛性越好。因此，本书给出的边界条件为步长数 $N_1=999$，此时计算节点为 100 万，而步长 Δx 越小越好，但要保证极限坡面曲线最小纵坐标小于 0。

在强度参数（黏聚力 c 和内摩擦角 φ）的敏感性分析中，黏聚力 c 取值为 2kPa, 5kPa, 10kPa, 20kPa 四组变量值，每组对应的内摩擦角 φ 取值为 5°, 15°, 25°, 35°, 45° 五个变量值，总共有 20 组算例。安全系数的计算结果表明，本书失稳判据给出的敏感性分析结果与极限平衡法、基于传统失稳判据的有限差分及有限元强度折减法（包括关联准则和非关联准则）的分析结论一致，即随着黏聚力 c 和内摩擦角 φ 的增大，安全系数也随着增大，80%算例安全系数与已有结论的误差小于 20%。在几何参数（坡角和坡高）的敏感性分析中，本书失稳判据对边坡状态的判断结论与极限平衡法基本一致，但坡角较大和坡高较小时，相对于基于传统失稳判据的有限元强度折减法，本书的失稳判据给出了偏于安全的结论，但敏感性分析结论一致，即随着坡角和坡高的增大，安全系数也随着减小。6 个边坡算例分析结果表明，本书失稳判据相对于已有方法，给出的边坡状态判断结论偏于安全，5 个算例的计算结果相对误差最小值小于 10%，而误差大于 10%的算例，本书失稳判据与其他方法判断结论都是破坏状态，说明本书失稳判据可以给出可靠的安全系数结果和边坡状态判断结论。

在双折减系数强度折减法计算中，本书失稳判据与传统失稳判据（位移突变准则）进行了对比分析，结果表明：传统失稳判据（位移突变准则）没有统一的边坡失稳标准，需要人为判断边坡极限状态，而本书失稳判据有明确的客观标准（即 $x_{11}=0$），边坡极限状态的判断排除了人为主观因素，更有利于强度折减法在边坡工程实践中应用。采用本书失稳判据对不同配套系数计算边坡极限状态的双折减系数，由此拟合临界曲线，由强度折减最短路径法计算最优配套系数和临界双折减系数。当配套系数为 1 时，双折减系数演变为单折减系数，此时本书失稳判据安全系数计算结果与极限平衡法和基于传统失稳判据的有限差分软件的计算结果误差均小于 10%。基于本书失稳判据的综合安全系数计算公式给出的安全系数结果与传统强度折减最短路径法的综合安全系数计算公式结果误差为 4.25%，相对于其他公式更加简洁可靠。最优配套系数表明高缓边坡摩擦角依然对稳定性起主要作用。

在已有研究成果基础上，应用本书失稳判据对边坡优化设计中极限坡角的计算做了进一步阐述，包括与空间力学原理计算极限坡角的对比分析。结果表明，在坡高 H =91.2m 和 167.2m 时，本书方法相对于空间力学原理极限坡角提高了 10.71%～15.38%，随着坡高变大，边坡稳定性降低，极限坡角越来越小，但本书方法计算的极限坡角依然提高了 4.62%～7.22%。因此可以明显减少废石剥离量，产生巨大的经济效益和社会效益。

本书的所有算例计算结果都表明，当折减系数或坡角增大时，极限坡面曲线与坡底交点横坐标，即本书失稳判据的评价标准 x_{11} 都由大于 0 变为小于 0，证明了本书失稳判据 x_{11}=0 判断边坡极限状态的可行性。目前这种方法只适用于均质边坡状态，作者对水平成层边坡进行了初步的研究。本书失稳判据的研究应用没有涉及临界滑裂面的确定，实际上，只要通过本书失稳判据计算得到的边坡强度参数和几何参数求得边坡塑形应变区，那么贯通带即为对应的临界滑裂面，这方面的应用读者可以参考本书作者的相关研究成果，作者将重点研究将其如何应用于边坡防治工程的优化设计。

边坡稳定性分析包含大量随机性因素，因此边坡可靠性分析也是本书失稳判据的一个研究方向，目前，本书作者在这方面已有了初步的研究成果。边坡实践中，更多的是非均质边坡，尤其是露天矿边坡工程中，边坡体存在大量的断裂构造，而且表现为三维空间形态，同时引起边坡失稳包括降雨和地震爆破动力等因素，将本书失稳判据拓展为综合考虑上述所有条件的研究是下一步工作重点。

参 考 文 献

[1] Cheng Y M. Location of critical failure surface and some further studies on slope stability analysis[J]. Computers and Geotechnics, 2003(30): 255-267.

[2] Zienkiewicz O C, Humpeson C, Lewis R W. Associated and non-associated visco-plasticity and plasticity in soil mechanics[J]. Geotechnique, 1975, 25(4): 671-689.

[3] Cheng Y M, Lansivaara T, Wei W B. Two-dimensional slope stability analysis by limit equilibrium and strength reduction methods[J]. Computers and Geotechnics, 2007(34): 137-150.

[4] Cheng Y M, Lansivaara T, Wei W B. Reply to "comments on 'two-dimensional slope stability analysis by limit equilibrium and strength reduction methods' by Y. M. Cheng, T. Lansivaara and W. B. Wei," by J. Bojorque, G. D. Roeck and J. Maertens[J]. Computers and Geotechnics, 2008(35): 309-311.

[5] Tan C P, Donald I B. Finite element calculation of dam stability[C]. Proceedings of the 11th International Conference on Soil Mechanics and Foundation Engineering, San Francisco, 1985(4): 2041-2044.

[6] Griffiths D V, Lane P A. Slope stability analysis by finite elements[J]. Geotechnique, 1999, 49(3): 387-403.

[7] Liu S Y, Shao L T, Li H J. Slope stability analysis using the limit equilibrium method and two finite element methods[J]. Computers and Geotechnics, 2015(63): 291-298.

[8] Ugai K. A method of calculation of total factor of safety of slopes by elaso-plastic FEM[J]. Soils and Foundations, 1989, 29(2): 190-195.

[9] Dawson E M, Roth W H, Drescher A. Slope stability analysis by strength reduction[J]. Geotechnique, 1999, 49(6): 835-840.

[10] Tan D, Sarma S K. Finite element verification of an enhanced limit equilibrium method for slope analysis[J]. Geotechnique, 2008, 58(6): 481-487.

[11] Zheng H, Sun G H, Liu D. A practical procedure for searching critical slip surfaces of slopes based on the strength reduction technique[J]. Computers and Geotechnics, 2009(36): 1-5.

[12] Tschuchnigg F, Schweiger H F, Sloan S W. Slope stability analysis by means of finite element limit analysis and finite element strength reduction techniques. Part I: Numerical studies considering non-associated plasticity[J]. Computers and Geotechnics, 2015(70): 169-177.

[13] Tschuchnigg F, Schweiger H F, Sloan S W, et al. Comparison of finite-element limit analysis and strength reduction techniques[J]. Geotechnique, 2015, 65(4): 249-257.

[14] Matsui T, San K C. Finite element slope stability analysis by shear strength reduction technique[J]. Soils and Foundations, 1992, 32(1): 59-70.

[15] 赵尚毅, 郑颖人, 张玉芳. 极限分析有限元法讲座 II: 有限元强度折减法中边坡失稳的判据探讨[J]. 岩土力学, 2005, 26(2): 332-336.

[16] 刘金龙, 栾茂田, 赵少飞, 等. 关于强度折减有限元方法中边坡失稳判据的讨论[J]. 岩土力学, 2005, 26(8): 1345-1348.

[17] 陈力华, 靳晓光. 有限元强度折减法中边坡三种失效判据的适用性研究[J]. 土木工程学报, 2012, 45(9): 136-146.

[18] Jiang Q H, Qi Z F, Wei W, et al. Stability assessment of a high rock slope by strength reduction finite element method[J]. Bulletin of Engineering Geology and the Environment, 2015(74): 1153-1162.

[19] Chang Y L, Huang T K. Slope stability analysis using strength reduction technique[J]. Journal of the Chinese Institute of Engineers, 2005, 28(2): 231-240.

[20] 施建勇, 曹秋荣, 周璐翡. 修正有限元强度折减法与失稳判据在边坡稳定分析中的应用[J]. 岩土力学, 2013, 34(增 2): 237-241.

[21] 吴春秋, 朱以文, 蔡元奇. 边坡稳定临界破坏状态的动力学评判方法[J]. 岩土力学, 2005, 26(5): 784-788.

[22] 黄昌乾, 丁恩保. 边坡稳定性评价结果的表达与边坡稳定判据[J]. 工程地质学报, 1997, 5(4): 375-380.

[23] 李维朝, 戴福初, 李宏杰, 等. 基于强度折减的岩质开挖边坡加固效果三维分析[J]. 水利学报, 2008, 39(7): 887-882.

[24] 迟世春, 关立军. 基于强度折减的拉格朗日差分方法分析土坡稳定性[J]. 岩土工程学报, 2004, 26(1): 42-46.

[25] 张国新, 李海枫, 黄涛. 三维不连续变形分析理论及其在岩质边坡工程中的应用[J]. 岩石力学与工程学报, 2010, 29(10): 2116-2126.

[26] Skempton A W, La Rochelle P. The Bradwell slip: A short-term failure in London clay[J]. Geotechnique, 1965, 15(3): 221-242.

[27] Barton N, Pandey S K. Numerical modeling of two stoping methods in two Indian mines using degradation of c and mobilization of φ based on Q-parameters[J]. International Journal of Rock Mechanics and Mining Sciences, 2011, 48(7): 1095-1112.

[28] 唐芬, 郑颖人. 边坡渐进破坏双折减系数法的机制分析[J]. 地下空间与工程学报, 2008, 4(3): 436-441.

[29] Suo Y H. Double reduction factors approach to the stability of side slopes[J]. Communications in Computer and Information Science, 2010, 106(1): 31-39.

[30] He W Y, Guo D F, Wang Q. Analysis of dam slope stability by double safety factors and dynamic local strength reduction method[J]. International Journal of Modelling, Identification and Control, 2015, 23(4): 355-361.

[31] 白冰, 袁维, 石露, 等. 一种双折减法与经典强度折减法的关系[J]. 岩土力学, 2015, 36(5): 1275-1281.

[32] Yuan W, Bai B, Li X C, et al. A strength reduction method based on double reduction parameters and its application[J]. Journal of Central South University, 2013, 20(9): 2555-2562.

[33] Jiang X Y, Wang Z G, Liu L Y. The determination of reduction ratio factor in homogeneous soil-slope with finite element double strength reduction method[J]. The Open Civil Engineering Journal, 2013, 7: 205-209.

[34] 唐芬, 郑颖人, 赵尚毅. 土坡渐进破坏的双安全系数讨论[J]. 岩石力学与工程学报, 2007, 26(7): 1402-1407.

[35] Deng D P, Li L, Zhao L H. Limit equilibrium method(LEM) of slope stability and calculation of comprehensive factor of safety with double strength-reduction technique[J]. Journal of Mountain Science, 2017, 14(11): 2311-2324.

[36] Wu Y F, Wang Z G. Stability analysis of unsaturated swelling soil slope with double strength reduction method[J]. Electronic Journal of Geotechnical Engineering, 2014, 19: 8965-8975.

[37] 朱彦鹏, 杨晓宇, 马孝瑞, 等. 边坡稳定性分析双折减法几个问题[J]. 岩土力学, 2018, 39(1): 1-9.

[38] Tang G P, Zhao L H, Li L, et al. Stability design charts for homogeneous slopes under typical conditions based on the double shear strength reduction technique[J]. Arabian Journal of Geosciences, 2017, 10: 280-296.

[39] 袁维, 李小春, 王伟, 等. 一种双折减系数的强度折减法研究[J]. 岩土力学, 2016, 37(8): 2222-2230.

[40] 赵炼恒, 曹景源, 唐高朋, 等. 基于双强度折减策略的边坡稳定性分析方法探讨[J]. 岩土力学, 2014, 35(10): 2977-2984.

[41] Bai B, Yuan W, Li X C. A new double reduction method for slope stability analysis[J]. Journal of Central South University, 2014, 21(3): 1158-1164.

[42] Isakov A, Moryachkov Y. Estimation of slope stability using two-parameter criterion of stability[J]. International Journal of Geomechanics, 2014, 14: 1-3.

[43] 谭文辉, 周汝弟. 数值模拟与极限平衡方法在复杂边坡优化中的应用研究[J]. 金属矿山, 2009, 1: 41-44.

[44] 蔡美峰, 乔兰, 李长洪. 深凹露天矿高陡边坡稳定性分析与设计优化[J]. 北京科技大学学报, 2004, 26(5): 465-470.

[45] 万林海, 王鹏, 蔡美峰. 基于 RBF 神经网络的露天边坡优化设计方法[J]. 中国矿业, 2004, 13(7): 49-52.

[46] 朱乃龙, 张世雄. 岩石深凹边坡稳定性坡角的初步确定方法[J]. 工程力学, 2003, 20(5): 130-133.

[47] 岳树宇, 张世雄, 刘雁鹰. 金堆城凹陷露天矿加陡深部边坡角的空间原理研究[J]. 中国钼业, 2004, 28(6): 10-13.

[48] 朱乃龙, 张世雄. 深凹露天矿边坡稳定的空间受力状态分析[J]. 岩石力学与工程学报, 2003, 22(5): 810-812.

[49] 贝科夫采夫, 别连科, 瑟坚科夫. 深凹露天矿边帮合理形状的确定[J]. 国外金属矿山, 1999(6): 12-14.

[50] Melnikov N N, Kozyrev A A, Reshetnyak S P, et al. Geomechanical and technical substantiation of an optimal slope angle in the kovdor open pit[R]. International Symposium on Mining in the Arctic, 2003: 321-326.

[51] Khalokakaie R, Dowd P A, Fowell R J. A Windows program for optimal open pit design with variable slope angles[J]. International Journal of Surface Mining, Reclamation and Environment, 2000; 14(4): 261-275.

[52] Rassam D W, Williams D J. 3-Dimensional effects on slope stability of high waste rock dumps[J]. International Journal of Surface Mining, Reclamation and Environment, 1999, 13(1): 19-24.

[53] Lai X P, Shan P F, Cai M F, et al. Comprehensive evaluation of high-steep slope stability and optimal high-steep slope design by 3D physical modeling[J]. International Journal of Minerals, Metallurgy and Materials, 2015, 22(1): 1-11.

[54] Bye A R, Bell F G. Stability assessment and slope design at Sandsloot open pit, South Africa[J]. International Journal of Rock Mechanics & Mining Sciences, 2001, 38: 449-466.

[55] Itasca Consulting Group, Inc. User's manual for FLAC3D(Fast Lagrangian Analysis of Continua in 3 Dimensions), Version 3.0[R]. The Itasca Consulting Group, Inc., University of Minnesota, Twin Cities, USA, 2003.

[56] Singh V K, Singh J K, Kumar A. Geotechnical study for optimizing the slope design of a deep open-pit mine, India[J]. Bulletin of Engineering Geology and the Environment, 2005, 64: 301-306.

[57] Cai M F, Xie M W, Li C L. GIS-based 3D limit equilibrium analysis for design optimization of a 600 m high slope in an open pit mine[J]. Journal of University of Science and Technology Beijing, 2007, 14(1): 1-5.

[58] Maleki M R, Mahyar M, Meshkabadi K. Design of overall slope angle and analysis of rock slope stability of Chadormalu Mine using empirical and numerical methods[J]. Engineering, 2011, 3: 965-971.

[59] Rocscience Inc. User's manual for Phase2D(a 2D finite element program for stress analysis and support design around excavations in soil and rock)[R]. The Rocscience Inc., Toronto, Canada, 2014.

[60] Lu Z L, Wu L, Yuan Q, Li B. Open-pit slope optimal angle of bong peak mining based on EALEE comprehension method[J]. Electronic Journal of Geotechnical Engineering, 2013, 18: 4263-4280.

[61] Wu A X, Jiang L C, Bao Y F, et al. Stability analysis of new safety cleaning bank in steep slope mining[J]. Journal of Central South University of Technology, 2004, 11(4): 423-428.

[62] Zhu N L, Zhang S X. Determination of the stable slope configuration of oval-shaped furrow pits[J]. Journal of Wuhan University of Technology-Materials Science Edition, 2004, 19(1): 86-88.

[63] Carlà T, Intrieri E, Farina P, et al. A new method to identify impending failure in rock slopes[J]. International Journal of Mechanics & Mining Sciences, 2017, 93: 76-81.

[64] Sokolovskii V V. Statics of granular media[M]. Oxford, UK: Pergamon Press, 1965.

[65] 陈震. 散体极限平衡理论基础[M]. 北京: 水利电力出版社, 1987.

[66] 方宏伟, 李长洪, 李波. 均质边坡稳定性极限曲线法[J]. 岩土力学, 2014, 35(增 1): 156-164.

[67] 方宏伟, 赵丽军. 成层土质边坡稳定性极限曲线法[J]. 长江科学院报, 2015, 32(1): 97-101.

[68] 方宏伟. 边坡稳定性极限曲线法[M]. 北京: 科学出版社, 2017.

[69] 方宏伟, 孙冠华, 吴建勋. 基于 LCM 的水平成层边坡失稳判据[J]. 安全与环境学报, 2019, 19(4): 1135-1139.

[70] 方宏伟, 吴建勋, 侯振坤. 基于 SLFT 的边坡强度折减法失稳判据[J]. 高校地质学报, 2019, 25(5): 766-771.

[71] 方宏伟, 吴建勋, 侯振坤. 基于 SLFT 边坡双参数强度折减法失稳判据[J]. 煤田地质与勘探, 2019, 47(5): 97-101.

[72] 方宏伟. 一种均质边坡稳定性强度折减法失稳判据方法, CN106874649B[P]. 2019-02-01.

[73] 方宏伟. 一种均质边坡稳定性评价的双折减系数强度折减法, ZL201811163782.5[P]. 2019-02-19.

[74] Jeldes I A, Drumm E C, Yoder D. Design of stable concave slopes for reduced sediment delivery[J]. Journal of Geotechnical and Geoenvironmental Engineering 2015, 141(2): 1-10.

[75] Fang H W, Chen Y F, Xu Y X. A new instability criterion for stability analysis of homogeneous slopes[J]. International Journal of Geomechanics, 2019, 141(2): 1-10.

[76] Fang H W, Chen Y F. New instability criterion for stability analysis of homogeneous slopes with double strength reduction[J]. International Journal of Geomechanics, 2020, 65(4): 249-257.

[77] 陈祖煜. 土质边坡稳定性分析[M]. 北京: 中国水利水电出版社, 2003.

[78] Zheng H, Tham L G, Liu D F. On two definitions of the factor of safety commonly used in the finite element slope stability analysis[J]. Computers and Geotechnics, 2006, 33: 188-195.

[79] Fang H W, Chen Y F, Deng X W. A new slope optimization design based on the limit curve method[J]. Journal of Central South University, 2019, 20(7): 2555-2562.

[80] 方宏伟. 一种露天矿边坡形状优化设计方法: CN106801422B[P]. 2018-10-09.

[81] Jeldes I A, Vence N E, Drumm E C. Approximate solution to the Sokolovski concave slope at limiting equilibrium[J]. International Journal of Geomechanics, 2014, 15: 1-8.

[82] 张天宝, 张立勇, 敖天其. 土坝和土石坝合理边坡设计研究[J]. 水力发电学报, 1985(3): 28-38.

[83] 张鲁渝, 郑颖人, 赵尚毅, 等. 有限元强度折减系数法计算土坡稳定安全系数的精度研究[J]. 水利学报, 2003, 1: 21-27.

[84] Kelesoglu M K. The evaluation of three-dimensional effects on slope stability by the strength reduction method[J]. KSCE Journal of Civil Engineering, 2016, 20(1): 229-242.

[85] Shahrokhabadi S, Khoshfahm V, Rafsanjani H N. Hybrid of Natural Element Method(NEM) with Genetic Algorithm(GA) to find critical slip surface[J]. Alexandria Engineering Journal, 2014, 53: 373-383.

[86] Xu Q J, Yin H L, Cao X F, et al. A temperature-driven strength reduction method for slope stability analysis[J]. Mechanics Research Communications, 2009, 36: 224-231.

[87] Arai K, Tgyo K. Determination of noncircular slip surface giving the minimum factor of safety in slope stability analysis[J]. Soils and Foundations, 1985, 25(1): 43-51.

附录 A 有限差分法极限坡面曲线求解安全系数程序

```
%%%定义全局变量
MaxPoint=2000;
MaxValue=2000;
for i=1:1:MaxPoint
    for j=1:1:MaxPoint
        PointValue{i,j}=[MaxValue,MaxValue,MaxValue,0,0,0];
    end
end
%%%输入初始值
%%容重值
Gamma=20;
%%黏聚力
C0=3;
%%摩擦角弧度值
Phi0=(19.6/180*pi);
%%边坡坡度弧度值
Alpha0=(26.6/180*pi);
%%边坡高度
H=10;
%%折减系数
F=0.8
%%折减后黏聚力
C1=C0/F;
%%折减后摩擦角弧度值
Phi=atan(tan(Phi0)/F);
%%折减后摩擦角角度值
Phi1=(Phi/pi*180);
%%边坡坡度角度值
Alpha1=(Alpha0/pi*180);
%%坡缘极限荷载
```

```
    P0=C1*cot(Phi)*(1+sin(Phi))*exp((pi-2*(Alpha0))*tan(Phi))/(1-sin
(Phi));
    %%最小荷载
    Pmin=C1*cot(Phi)*(1+sin(Phi))/(1-sin(Phi));
    %%荷载赋值
    P1=Pmin;
    %%坡顶计算步长，为试算值
    BuchangX=0.0035;
    %%区域一分割数，最大999
    N1=999;
    %%区域二分割数，P1=Pmin时取0
    N2=0;
    %%%开始计算
    X_3=-H/tan(Alpha0);
    Y_3=H;
    Y_3_0=H;
    X_3_2_1=0;
    Y_3_2_1=0;
    Y_3_2_1_0=0;
    Mu=pi/4-Phi/2;
    Point_0_0={0,0,0,0,0,0};
    %%%区域一节点数
    Count1=(N1+1)*(N1+2)/2;
    %%%区域二节点数
    Count2=(N1+1)*N2;
    %%%区域三节点数
    Count3=N1*(N1+1)/2;
    %%%节点总数
    Count=Count1+Count2+Count3;
        %%%计算第一区域
        Sigma1=P1/(1+sin(Phi));
        Theta1=pi/2;
            I=0;
            for i=1:1:(N1+1)
                for j=i:-1:1
                    if(j==i)
                        PointValue{i,j}=[X_3_2_1+(N1+1-i)*BuchangX,
Y_3_2_1, Y_3_2_1,Theta1,Sigma1,Sigma1];
```

```
                    I=I+1;
                    Point{I}=[i,j];
                else
                  p1=PointValue{i,j+1};
                  p2=PointValue{i-1,j};
                  x1=p1(1);
                  y1=p1(2);
                  o1=p1(4);
                  q1=p1(5);
                  x2=p2(1);
                  y2=p2(2);
                  o2=p2(4);
                  q2=p2(5);
                  dd=callfun(x1,y1,o1,q1,x2,y2,o2,q2,Mu,Phi,
Gamma);
                  PointValue{i,j}=[dd(1), dd(2), dd(3),dd(4), dd(5),
dd(6)];
                  I=I+1;
                  Point{I}=[i,j];
                end
            end
        end
    %%%计算第二区域
    DetaXita=cot(Phi)*log(P1*(1-sin(Phi))/(C1*cot(Phi)*(1+sin
(Phi)))))/2;
        for i=(N1+1+1):1:(N1+1+N2)
            ii=i-(N1+1);
            Theta2=Theta1+ii*DetaXita/N2;
            Sigma2=P1*exp((pi-2*Theta2)*tan(Phi))/(1+sin(Phi));
            for j=(1+N1):-1:1
                if(j==(1+N1))
                    PointValue{i,j}=[0, 0, 0,Theta2,Sigma2,Sigma2];
                    I=I+1;
                    Point{I}=[i,j];
                else
                  p1=PointValue{i,j+1};
                  p2=PointValue{i-1,j};
                  x1=p1(1);
```

```
                        y1=p1(2);
                        o1=p1(4);
                        q1=p1(5);
                        x2=p2(1);
                        y2=p2(2);
                        o2=p2(4);
                        q2=p2(5);
                        dd=callfun(x1,y1,o1,q1,x2,y2,o2,q2,Mu,Phi,
Gamma);

                        PointValue{i,j}=[dd(1),dd(2),dd(3),dd(4),dd(5),
dd(6)];

                          I=I+1;
                        Point{I}=[i,j];
                    end
                end
        end
        %%%计算第三区域
        Sigma3=C1*cot(Phi)/(1-sin(Phi));
        for i=(N1+1+N2+1):1:(N1+1+N2+N1)
            for j=(N1+1+N2+N1+1-i):-1:1
                    if(j==(N1+1+N2+N1+1-i))
                        p1=PointValue{i-1,j+1};
                        p2=PointValue{i-1,j};
                        x1=p1(1);
                        y1=p1(2);
                        o1=p1(4);
                        q1=p1(5);
                        x2=p2(1);
                        y2=p2(2);
                        o2=p2(4);
                        q2=p2(5);
                        dd=callfan(x1,y1,o1,q1,x2,y2,o2,q2,Mu,Phi,
Gamma);      %% 求坡面曲线坐标值
                        PointValue{i,j}=[dd(1),dd(2),dd(3),dd(4),Sigma3,
Sigma3];

                        I=I+1;
                        Point{I}=[i,j];
                    else
```

```
                        p1=PointValue{i,j+1};
                        p2=PointValue{i-1,j};
                        x1=p1(1);
                        y1=p1(2);
                        o1=p1(4);
                        q1=p1(5);
                        x2=p2(1);
                        y2=p2(2);
                        o2=p2(4);
                        q2=p2(5);
                        dd=callfun(x1,y1,o1,q1,x2,y2,o2,q2,Mu,Phi,
Gamma);
                        PointValue{i,j}=[dd(1),dd(2),dd(3),dd(4),dd(5),
dd(6)];
                        I=I+1;
                        Point{I}=[i,j];
                    End
                end
            end
    %%%坐标变换
    for k=1:1:I
        i=Point{k}(1);
        j=Point{k}(2);
        p=PointValue{i,j};
        p(1)=p(1)-X_3;
        p(2)=Y_3-p(2);
        p(3)=Y_3-p(3);
        PointValue{i,j}=[p(1), p(2), p(2),p(4),p(5),p(6)];
    end
    Y_3_0=Y_3 - Y_3_0;
    Y_3_2_1_0=Y_3 - Y_3_2_1_0;
    %%%画图
    CountAlpha=2*N1+N2+1;
     CountBeta=N1+1;
    %%画 Alpha 线
    for i=1:1:CountAlpha
        UN_0=0;
```

```
    for j=1:1:CountBeta
      p=PointValue{i,j};
      if p(1)~=MaxValue || p(2)~=MaxValue
          UN_0=UN_0+1;
      end
    end
    x_p=zeros(1,UN_0);
    y_p=zeros(1,UN_0);
    UN_0=0;
    for j=1:1:CountBeta
      p=PointValue{i,j};
      if p(1)~=MaxValue || p(2)~=MaxValue
          UN_0=UN_0+1;
          x_p(1,UN_0)=p(1);
          y_p(1,UN_0)=p(2);
      end
    end
    hold on
    plot(x_p,y_p,'w')
end
%%画 Beta 线
for j=1:1:CountBeta
    UN_0=0;
    for i=1:1:CountAlpha
      p=PointValue{i,j};
      if p(1)~=MaxValue || p(2)~=MaxValue
          UN_0=UN_0+1;
      end
    end
    x_p=zeros(1,UN_0);
    y_p=zeros(1,UN_0);
    UN_0=0;
     for i=1:1:CountAlpha
      p=PointValue{i,j};
      if p(1)~=MaxValue || p(2)~=MaxValue
          UN_0=UN_0+1;
          x_p(1,UN_0)=p(1);
          y_p(1,UN_0)=p(2);
      end
```

```
    end
    hold on
    plot(x_p,y_p,'w')
end
%%画坡顶水平线
Y_3_0;
Y_3_2_1_0;
UN_0=0;
for j=1:1:CountBeta
    for i=1:1:CountAlpha
      p=PointValue{i,j};
      if  p(2)==Y_3_2_1_0
          UN_0=UN_0+1;
      end
    end
end
x_p=zeros(1,UN_0);
y_p=zeros(1,UN_0);

UN_0=0;
for j=1:1:CountBeta
    for i=1:1:CountAlpha
      p=PointValue{i,j};
      if  p(2)==Y_3_2_1_0
          UN_0=UN_0+1;
          x_p(1,UN_0)=p(1);
          y_p(1,UN_0)=p(2);
      end
    end
end
hold on
plot(x_p,y_p,'b')
%%画坡面线
X_3=0;
Y_3_0=0;
X_3_2_1=H/tan(Alpha0);
Y_3_2_1_0=H;
x_po=zeros(1,2);
```

```
y_po=zeros(1,2);
x_po(1,1)=X_3;
y_po(1,1)=Y_3_0;
x_po(1,2)=X_3_2_1;
y_po(1,2)=Y_3_2_1_0;
hold on
plot(x_po,y_po,'b')
%%画优化曲线
x_xie=zeros(1,CountBeta);
y_xie=zeros(1,CountBeta);
UN_0=0;
for j=1:1:CountBeta
    for i=1:1:CountAlpha
      p=PointValue{i,j};
      if p(1)~=MaxValue || p(2)~=MaxValue
          x_xie(1,j)=p(1);
          y_xie(1,j)=p(2);
        end

    end
end
hold on
plot(x_xie,y_xie,'r')
%%%画三角形
x_sj=zeros(1,3);
y_sj=zeros(1,3);
x_sj(1,1)=0;
y_sj(1,1)=0;
x_sj(1,2)=H/tan(Alpha0);
y_sj(1,2)=0;
x_sj(1,3)=H/tan(Alpha0);
y_sj(1,3)=H;
hold on
plot(x_sj,y_sj,'b')
xlabel('x/m'); ylabel('y/m');
axis equal;
%%求优化曲线拟合函数与x轴的交点
syms a b c x kk
```

```
p_yh=polyfit(x_xie,y_xie,2);              %%求二次拟合函数的参数
a=p_yh(1);
b=p_yh(2);
c=p_yh(3);
px=poly2str(p_yh,'x');                    %%求二次拟合函数
ymin=PointValue{2*N1+N2+1,1}(2);          %%最小 y 值，满足 y<-1
x1=spline(y_xie,x_xie,0)                   %%破坏判断标准：x1=0
function dd=callfun(x1,y1,o1,p1,x2,y2,o2,p2,u,fan,r)
    dd(1)=(x1*tan(o1-u)-x2*tan(o2+u)-(y1-y2))/(tan(o1-u)-tan
(o2+u));
    dd(2)=(dd(1)-x1)*tan(o1-u)+y1;
    dd(3)=(dd(1)-x2)*tan(o2+u)+y2;
    dd(4)=((p2-p1)+2*(p2*o2+p1*o1)*tan(fan)+r*(y1-y2)+r*(2*dd(1)
-x1-x2)*tan(fan))/(2*(p2+p1)*tan(fan));
    dd(5)=p1+2*p1*(dd(4)-o1)*tan(fan)+r*(dd(2)-y1)-r*(dd(1)-x1)
*tan(fan);
    dd(6)=p2-2*p2*(dd(4)-o2)*tan(fan)+r*(dd(2)-y2)+r*(dd(1)-x2)
*tan(fan);
    end
function dd=callfan(x1,y1,o1,p1,x2,y2,o2,p2,u,fan,r)
    dd(1)=(x1*tan(o1)-x2*tan(o2+u)-(y1-y2))/(tan(o1)-tan(o2+u));
    dd(2)=(dd(1)-x1)*tan(o1)+y1;
    dd(3)=(dd(1)-x2)*tan(o2+u)+y2;
    dd(4)=((p2-p1)+2*(p2*o2+p1*o1)*tan(fan)+r*(y1-y2)+r*(2*dd(1)
-x1-x2)*tan(fan))/(2*(p2+p1)*tan(fan));
    end
```

附录 B 理论简化公式极限坡面曲线求解安全系数程序

```
%%%已知参数
Gamma=20;
C0=3;
Phi0=(19.6/180*pi);
Alpha0=(26.6/180*pi);
H=10;
N1=10000;                              %%剖分数
Buchangy=H/N1;
F=1.0                                  %%折减系数
C=C0/F;                                %%折减后黏聚力
Phi=atan(tan(Phi0)/F);                 %%折减后摩擦角弧度值
Phi1=(Phi/pi*180);                     %%折减后摩擦角角度值
%%%画坡体
X_3=0;
Y_3=0;
X_3_2_1=H/tan(Alpha0);
Y_3_2_1=H;
x_po=zeros(1,3);
y_po=zeros(1,3);
x_po(1,1)=X_3;
y_po(1,1)=Y_3;
x_po(1,2)=X_3_2_1;
y_po(1,2)=Y_3_2_1;
x_po(1,3)=H/tan(Alpha0)+N1*Buchangy;
y_po(1,3)=Y_3_2_1;
hold on
plot(x_po,y_po ,'b')
%%%理论简化公式
x_c=zeros(1,N1+1);
y_c=zeros(1,N1+1);
bc_y=H/N1;
```

```
a=cos(Phi)/(2*Gamma*(1-sin(Phi)));
h=C*cot(Phi);
ka=(1-sin(Phi))/(1+sin(Phi))
hcr=(2*C*cos(Phi))/(Gamma*(1-sin(Phi)))
UN_0=0;
for j=1:1:N1+1
    UN_0=UN_0 +1;
    p1=(j-1)*bc_y;
    y_c(1,UN_0)=-p1+H;

    sigma=Gamma*p1;
    b=log(sigma*ka/h+1);
    p2=H/tan(Alpha0)-a*[sigma*(b-1)*(1/sin(Phi)-1)+h*b*(1/sin
(Phi)+1)];
    x_c(1,UN_0)=p2;
end
hold on
plot(x_c,y_c,'r')
%%%画极限坡顶曲线
x_cpo=zeros(1,2);
y_cpo=zeros(1,2);
x_cpo(1,1)=H/tan(Alpha0);
y_cpo(1,1)=y_c(1,1);
x_cpo(1,2)=H/tan(Alpha0)+N1*Buchangy;
y_cpo(1,2)=y_c(1,1);
hold on
plot(x_cpo,y_cpo,'r')
%%%画三角形
x_sj=zeros(1,3);
y_sj=zeros(1,3);
x_sj(1,1)=0;
y_sj(1,1)=0;
x_sj(1,2)=H/tan(Alpha0);
y_sj(1,2)=0;
x_sj(1,3)=H/tan(Alpha0);
y_sj(1,3)=H;
hold on
plot(x_sj,y_sj,'k')
xlabel('x/m'); ylabel('y/m');
```

```
    axis equal;
    %%%求优化曲线拟合函数和失稳判据指标
    syms a b c x kk
    p_yh=polyfit(x_c,y_c,2);                    %%求二次拟合函数的参数
    a=p_yh(1);
    b=p_yh(2);
    c=p_yh(3);
    px=poly2str(p_yh,'x')                       %%求二次拟合函数
    fpx=p_yh(1)*x^2+p_yh(2)*x^1+p_yh(3)         %%求积分的拟合函数
    x11=spline(y_c,x_c,0)                       %%积分下限，失稳判据判断标准：
x11<0
```

附录 C　试验近似公式极限坡面曲线求解安全系数程序

```
%%%已知参数
Gamma=20;
C0=3;
Phi0=(19.6/180*pi);
Alpha0=(26.6/180*pi);
H=10;
N1=10000;                                    %%剖分数
Buchangx=(H/tan(Alpha0))/N1;
F=1.0                                        %%折减系数
C=C0/F;                                      %%折减后黏聚力
Phi=atan(tan(Phi0)/F);                       %%折减后摩擦角弧度值
Phi1=(Phi/pi*180);                           %%折减后摩擦角角度值
%%%画坡体
X_3=0;
Y_3=0;
X_3_2_1=H/tan(Alpha0);
Y_3_2_1=H;
x_po=zeros(1,3);
y_po=zeros(1,3);
x_po(1,1)=X_3;
y_po(1,1)=Y_3;
x_po(1,2)=X_3_2_1;
y_po(1,2)=Y_3_2_1;
x_po(1,3)=H/tan(Alpha0)+N1*Buchangx;
y_po(1,3)=Y_3_2_1;
hold on
plot(x_po,y_po ,'b')
%%%试验近似公式
x_c=zeros(1,N1+1);
bc_x=-(H/tan(Alpha0))/N1;
```

```
y_c=zeros(1,N1+1);
aa=2*C*(1+sin(Phi))/((1-sin(Phi))*Gamma);
UN_0=0;
for j=1:1:N1+1
    UN_0=UN_0 +1;
    p1=(j-1)*bc_x;
    x_c(1,UN_0)=p1+H/tan(Alpha0);
    mm=p1/aa;
    p2=H-(aa*(pi/2-exp(mm))-p1*tan(Phi));
    y_c(1,UN_0)=p2;
end
hold on
plot(x_c,y_c,'r')
%%%画极限坡顶曲线
x_cpo=zeros(1,2);
y_cpo=zeros(1,2);
x_cpo(1,1)=H/tan(Alpha0);
y_cpo(1,1)=y_c(1,1);
x_cpo(1,2)=H/tan(Alpha0)+N1*Buchangx;
y_cpo(1,2)=y_c(1,1);
hold on
plot(x_cpo,y_cpo,'r')
%%%画三角形
x_sj=zeros(1,3);
y_sj=zeros(1,3);
x_sj(1,1)=0;
y_sj(1,1)=0;
x_sj(1,2)=H/tan(Alpha0);
y_sj(1,2)=0;
x_sj(1,3)=H/tan(Alpha0);
y_sj(1,3)=H;
hold on
plot(x_sj,y_sj,'k')
xlabel('x/m'); ylabel('y/m');
axis equal;
%%%求优化曲线拟合函数和和失稳判据指标
syms a b c x kk
p_yh=polyfit(x_c,y_c,2);                    %%求二次拟合函数的参数
```

```
a=p_yh(1);
b=p_yh(2);
c=p_yh(3);
px=poly2str(p_yh,'x')                    %%求二次拟合函数
fpx=p_yh(1)*x^2+p_yh(2)*x^1+p_yh(3)      %%求积分的拟合函数
x11=spline(y_c,x_c,0)                    %%积分下限，失稳判据判断标准：
x11<0
```

附录 D 本书失稳判据单折减系数法程序

```
%%主函数，计算 FOS，其中黏聚力和内摩擦角为初始输入值
clear
clc
%黏聚力%
c=3;
%内摩擦角%
fi=19.6;
Fos=solv_Fos(c,fi);
save the_soulution_of_Fos
%%求滑移线场和极限坡面曲线函数，其中容重值、边坡坡度和边坡高度为初始输入值
function [ymin,x1,F]=LCM_developed(c_from_K,fi_from_K,F,BuchangX)
%%定义全局变量
MaxPoint=2000;
MaxValue=2000;
for i=1:1:MaxPoint
    for j=1:1:MaxPoint
        PointValue{i,j}=[MaxValue,MaxValue,MaxValue,0,0,0];
    end
end
%%输入初始值
%容重值，验证程序误差时取容重为 0
Gamma=20;
%黏聚力
C0=c_from_K;
%摩擦角弧度值
Phi0=(fi_from_K/180*pi);
%边坡坡度弧度值
Alpha0=(26.6/180*pi);
%边坡高度
H=10;
%折减后黏聚力
C1=C0/F;
%折减后摩擦角弧度值
```

```
Phi=atan(tan(Phi0)/F);
%折减后摩擦角角度值
Phi1=(Phi/pi*180);
%边坡坡度角度值
Alpha1=(Alpha0/pi*180);
%坡缘极限荷载
P0=C1*cot(Phi)*(1+sin(Phi))*exp((pi-2*(Alpha0))*tan(Phi))/(1-sin
(Phi));
%最小荷载
Pmin=C1*cot(Phi)*(1+sin(Phi))/(1-sin(Phi));
%荷载赋值
P1=Pmin;
%区域一分割数，最大 999
N1=999;
%区域二分割数，P1=Pmin 时取 0
N2=0;
%%开始计算
X_3=-H/tan(Alpha0);
Y_3=H;
Y_3_0=H;
X_3_2_1=0;
Y_3_2_1=0;
Y_3_2_1_0=0;
Mu=pi/4-Phi/2;
Point_0_0={0,0,0,0,0,0};
%区域一节点数
Count1=(N1+1)*(N1+2)/2;
%区域二节点数
Count2=(N1+1)*N2;
%区域三节点数
Count3=N1*(N1+1)/2;
%节点总数
Count=Count1+Count2+Count3;
%%计算第一区域
    Sigma1=P1/(1+sin(Phi));
    Theta1=pi/2;
        I=0;
        for i=1:1:(N1+1)
            for j=i:-1:1
```

```
                if(j==i)
                    PointValue{i,j}=[X_3_2_1+(N1+1-i)*BuchangX,
Y_3_2_1, Y_3_2_1,Theta1,Sigma1,Sigma1];
                    I=I+1;
                    Point{I}=[i,j];
                else
                    p1=PointValue{i,j+1};
                    p2=PointValue{i-1,j};
                    x1=p1(1);
                    y1=p1(2);
                    o1=p1(4);
                    q1=p1(5);
                    x2=p2(1);
                    y2=p2(2);
                    o2=p2(4);
                    q2=p2(5);
                    dd=callfun(x1,y1,o1,q1,x2,y2,o2,q2,Mu,Phi,
Gamma);
                    PointValue{i,j}=[dd(1),dd(2),dd(3),dd(4),dd(5),
dd(6)];
                    I=I+1;
                    Point{I}=[i,j];
                end
            end
        end
    %%计算第二区域
        DetaXita=cot(Phi)*log(P1*(1-sin(Phi))/(C1*cot(Phi)*(1+sin
(Phi))))/2;
        for i=(N1+1+1):1:(N1+1+N2)
            ii=i-(N1+1);
            Theta2=Theta1+ii*DetaXita/N2;
            Sigma2=P1*exp((pi-2*Theta2)*tan(Phi))/(1+sin(Phi));
            for j=(1+N1):-1:1
                if(j==(1+N1))
                    PointValue{i,j}=[0, 0, 0,Theta2,Sigma2,Sigma2];
                    I=I+1;
                    Point{I}=[i,j];
```

```
            else
                p1=PointValue{i,j+1};
                p2=PointValue{i-1,j};
                x1=p1(1);
                y1=p1(2);
                o1=p1(4);
                q1=p1(5);
                x2=p2(1);
                y2=p2(2);
                o2=p2(4);
                q2=p2(5);
                dd=callfun(x1,y1,o1,q1,x2,y2,o2,q2,Mu,Phi,
Gamma);
                PointValue{i,j}=[dd(1),dd(2),dd(3),dd(4),dd(5),
dd(6)];
                I=I+1;
                Point{I}=[i,j];
            end
        end
    end
%%计算第三区域
Sigma3=C1*cot(Phi)/(1-sin(Phi));
for i=(N1+1+N2+1):1:(N1+1+N2+N1)
    for j=(N1+1+N2+N1+1-i):-1:1
        if(j==(N1+1+N2+N1+1-i))
            p1=PointValue{i-1,j+1};
            p2=PointValue{i-1,j};
            x1=p1(1);
            y1=p1(2);
            o1=p1(4);
            q1=p1(5);
            x2=p2(1);
            y2=p2(2);
            o2=p2(4);
            q2=p2(5);
            dd=callfan(x1,y1,o1,q1,x2,y2,o2,q2,Mu,Phi,
Gamma);
    %%  求坡面曲线坐标值
```

```
                              PointValue{i,j}=[dd(1),dd(2),dd(3),dd(4),Sigma3,
Sigma3];

                              I=I+1 ;
                              Point{I}=[i,j];
                          else
                              p1=PointValue{i,j+1};
                              p2=PointValue{i-1,j};
                              x1=p1(1);
                              y1=p1(2);
                              o1=p1(4);
                              q1=p1(5);
                              x2=p2(1);
                              y2=p2(2);
                              o2=p2(4);
                              q2=p2(5);
                              dd=callfun(x1,y1,o1,q1,x2,y2,o2,q2,Mu,Phi,
Gamma);

                              PointValue{i,j}=[dd(1),dd(2),dd(3),dd(4),dd(5),
dd(6)];

                              I=I+1;
                              Point{I}=[i,j];
                          end
                end
            end
    %%坐标变换
    for k=1:1:I
        i=Point{k}(1);
        j=Point{k}(2);
        p=PointValue{i,j};
        p(1)=p(1)-X_3;
        p(2)=Y_3-p(2);
        p(3)=Y_3-p(3);
        PointValue{i,j}=[p(1), p(2), p(2),p(4),p(5),p(6)];
    end
    Y_3_0=Y_3 - Y_3_0;
    Y_3_2_1_0=Y_3 - Y_3_2_1_0;
    %%画图
    CountAlpha=2*N1+N2+1;
```

```
 CountBeta=N1+1;
%%画 Alpha 线
for i=1:1:CountAlpha
    UN_0=0;
    for j=1:1:CountBeta
      p=PointValue{i,j};
      if p(1)~=MaxValue || p(2)~=MaxValue
          UN_0=UN_0+1;
      end
    end
    x_p=zeros(1,UN_0);
    y_p=zeros(1,UN_0);
    UN_0=0;
    for j=1:1:CountBeta
      p=PointValue{i,j};
      if p(1)~=MaxValue || p(2)~=MaxValue
          UN_0=UN_0+1;
          x_p(1,UN_0)=p(1);
          y_p(1,UN_0)=p(2);
      end
    end
%     hold on
%     plot(x_p,y_p,'w')
end
%%画 Beta 线
for j=1:1:CountBeta
    UN_0=0;
    for i=1:1:CountAlpha
      p=PointValue{i,j};
      if p(1)~=MaxValue || p(2)~=MaxValue
          UN_0=UN_0+1;
      end
    end
    x_p=zeros(1,UN_0);
    y_p=zeros(1,UN_0);
    UN_0=0;
     for i=1:1:CountAlpha
      p=PointValue{i,j};
```

```
            if p(1)~=MaxValue || p(2)~=MaxValue
                UN_0=UN_0+1;
                x_p(1,UN_0)=p(1);
                y_p(1,UN_0)=p(2);
            end
        end
%       hold on
%       plot(x_p,y_p,'w')
end
%%画坡顶水平线
Y_3_0;
Y_3_2_1_0;
UN_0=0;
for j=1:1:CountBeta
    for i=1:1:CountAlpha
        p=PointValue{i,j};
        if p(2)==Y_3_2_1_0
            UN_0=UN_0+1;
        end
    end
end
x_p=zeros(1,UN_0);
y_p=zeros(1,UN_0);
UN_0=0;
for j=1:1:CountBeta
    for i=1:1:CountAlpha
        p=PointValue{i,j};
        if p(2)==Y_3_2_1_0
            UN_0=UN_0+1;
            x_p(1,UN_0)=p(1);
            y_p(1,UN_0)=p(2);
        end
    end
end
% hold on
% plot(x_p,y_p)
%%画坡面线
X_3=0;
```

```
Y_3_0=0;
X_3_2_1=H/tan(Alpha0);
Y_3_2_1_0=H;
x_po=zeros(1,2);
y_po=zeros(1,2);
x_po(1,1)=X_3;
y_po(1,1)=Y_3_0;
x_po(1,2)=X_3_2_1;
y_po(1,2)=Y_3_2_1_0;
% hold on
% plot(x_po,y_po )
%%画优化曲线
x_xie=zeros(1,CountBeta);
y_xie=zeros(1,CountBeta);
UN_0=0;
for j=1:1:CountBeta
   for i=1:1:CountAlpha
     p=PointValue{i,j};
     if p(1)~=MaxValue || p(2)~=MaxValue
        x_xie(1,j)=p(1);
        y_xie(1,j)=p(2);
     end
   end
end
% hold on
% plot(x_xie,y_xie,'r')
%%%画三角形
x_sj=zeros(1,3);
y_sj=zeros(1,3);
x_sj(1,1)=0;
y_sj(1,1)=0;
x_sj(1,2)=H/tan(Alpha0);
y_sj(1,2)=0;
x_sj(1,3)=H/tan(Alpha0);
y_sj(1,3)=H;
% hold on
% plot(x_sj,y_sj,'k')
%
```

```
%  xlabel('x/m'); ylabel('y/m');
%
%  axis equal;
%%%求优化曲线拟合函数与 x 轴的交点
syms a b c x kk
%%%求二次拟合函数的参数
p_yh=polyfit(x_xie,y_xie,2);
a=p_yh(1);
b=p_yh(2);
c=p_yh(3);
%%%求二次拟合函数
px=poly2str(p_yh,'x');
%%%最小 y 值，满足 y<-1
ymin=PointValue{2*N1+N2+1,1}(2);
%%%破坏判断标准：x1=0
x1=spline(y_xie,x_xie,0);
F=F;
function dd=callfun(x1,y1,o1,p1,x2,y2,o2,p2,u,fan,r)  %%求滑移线交点
函数
        dd(1)=(x1*tan(o1-u)-x2*tan(o2+u)-(y1-y2))/(tan(o1-u)-tan
(o2+u));
        dd(2)=(dd(1)-x1)*tan(o1-u)+y1;
        dd(3)=(dd(1)-x2)*tan(o2+u)+y2;      dd(4)=((p2-p1)+2*(p2*o2+p1*o1)
*tan(fan)+r*(y1-y2)+r*(2*dd(1)-x1-x2)*tan(fan))/(2*(p2+p1)*tan(fan));
        dd(5)=p1+2*p1*(dd(4)-o1)*tan(fan)+r*(dd(2)-y1)-r*(dd(1)-x1)
*tan(fan);
        dd(6)=p2-2*p2*(dd(4)-o2)*tan(fan)+r*(dd(2)-y2)+r*(dd(1)-x2)
*tan(fan);
    end
    function dd-callfan(x1,y1,o1,p1,x2,y2,o2,p2,u,fan,r)  %%求极限坡面曲
线函数
        dd(1)=(x1*tan(o1)-x2*tan(o2+u)-(y1-y2))/(tan(o1)-tan(o2+u));
        dd(2)=(dd(1)-x1)*tan(o1)+y1;
        dd(3)=(dd(1)-x2)*tan(o2+u)+y2;      dd(4)=((p2-p1)+2*(p2*o2+p1*o1)
*tan(fan)+r*(y1-y2)+r*(2*dd(1)-x1-x2)*tan(fan))/(2*(p2+p1)*tan(fan));
    End
    %%求 x1 值函数
    function eq=solve_F(x,para)
```

```
c_from_K=para(1);
fi_from_K=para(2);
BuchangX=para(3);
[ymin,x1]=LCM_developed(c_from_K,fi_from_K,x,BuchangX);
eq=abs(x1);
%%求 Fos 函数，其中计算步长 BuchangX 和折减系数 F 为计算精度调整值
function Fos=solv_Fos(c_from_K,fi_from_K)
F=0.5;
%% BuchangX 为坡顶计算步长设定值，为调整计算精度值
BuchangX=0;
%%给 ymin 一个初始值，让其能继续运行
ymin=1;
while ymin>=-1
    BuchangX=BuchangX+0.01;
    [ymin,x1]=LCM_developed(c_from_K,fi_from_K,F,BuchangX);
    ymin
    x1
end
while x1>0
%% F 为折减系数增加值，为调整计算精度值
    F=F+0.01;
    [ymin,x1]=LCM_developed(c_from_K,fi_from_K,F,BuchangX);
    if abs(x1)<=0.0001
        Fos=F;
        break
    end
    x1
end
 Fos=F;
```

附录 E 本书失稳判据双折减系数法程序

```
%%%%%主函数：计算安全系数 FOS 和设定配套系数 k 值
calculate_FOS
clear
clc
tic
c=15;                           %initial cohesion%
fi=25;                          %initial internal friction angle%
K0=0.1
n=42
kk=0.05
K=K0:kk:(K0+kk*n);              %reduction ratio factor
ans=plot2018(c,fi,K);
save the_soulution_of_Fos
toc
%%求滑移线场和极限坡面曲线函数
function [ymin,x1,F1]=LCM_developed(c_from_K,fi_from_K,F1,
BuchangX,K)
    MaxPoint=2000;
    MaxValue=2000;
    for i=1:1:MaxPoint
        for j=1:1:MaxPoint
            PointValue{i,j}=[MaxValue,MaxValue,MaxValue,0,0,0];
        end
    end
    %%initial values
    Gamma=16.5;                 %%unit weight
    C0=c_from_K;                %%cohesion
    Phi0=(fi_from_K/180*pi);    %%internal friction angle
    Alpha0=(45/180*pi);         %%slope angle
    H=10;                       %%slope height
    F2=K*F1;
    C1=C0/F2;                   %%cohesion reduction
    Phi=atan(tan(Phi0)/F1);     %%internal friction angle rduction
```

```
    P1=C1*cot(Phi)*(1+sin(Phi))/(1-sin(Phi));          %%calculation of
load value
    N1=999 ;                                  %%number of calculation steps
    Count=(N1+1)*(N1+1);                      %%%number of nodes
    %%%calculation starts
    X_3=-H/tan(Alpha0);
    Y_3=H;
    Y_3_0=H ;
    X_3_2_1=0;
    Y_3_2_1=0;
    Y_3_2_1_0=0;
    Mu=pi/4-Phi/2;
    Point_0_0={0,0,0,0,0,0};
        Sigma1=P1/(1+sin(Phi));
        Theta1=pi/2;
            I=0;
            for i=1:1:(N1+1)
                for j=i:-1:1
                    if(j==i)
                        PointValue{i,j}=[X_3_2_1+(N1+1-i)*BuchangX,
Y_3_2_1, Y_3_2_1,Theta1,Sigma1,Sigma1];
                        I=I+1;
                        Point{I}=[i,j];
                    else
                        p1=PointValue{i,j+1};
                        p2=PointValue{i-1,j};
                        x1=p1(1);
                        y1=p1(2);
                        o1=p1(4);
                        q1=p1(5);
                        x2=p2(1);
                        y2=p2(2);
                        o2=p2(4);
                        q2=p2(5);
                        dd=callfun(x1,y1,o1,q1,x2,y2,o2,q2,Mu,Phi,
Gamma);
```

```
                           PointValue{i,j}=[dd(1),dd(2),dd(3),dd(4),dd(5),
dd(6)];

                           I=I+1;
                           Point{I}=[i,j];
                        end
                end
        end
        Sigma3=C1*cot(Phi)/(1-sin(Phi));
        for i=(N1+2):1:(2*N1+1)
            for j=(2*N1+2-i):-1:1
                   if(j==(2*N1+2-i))
                       p1=PointValue{i-1,j+1};
                       p2=PointValue{i-1,j};
                       x1=p1(1);
                       y1=p1(2);
                       o1=p1(4);
                       q1=p1(5);
                       x2=p2(1);
                       y2=p2(2);
                       o2=p2(4);
                       q2=p2(5);
                       dd=callfan(x1,y1,o1,q1,x2,y2,o2,q2,Mu,Phi,
Gamma);

                       PointValue{i,j}=[dd(1),   dd(2),   dd(3),dd(4),
Sigma3,Sigma3];

                       I=I+1 ;
                       Point{I}=[i,j];
                   else
                       p1=PointValue{i,j+1};
                       p2=PointValue{i-1,j};
                       x1=p1(1);
                       y1=p1(2);
                       o1=p1(4);
                       q1=p1(5);
                       x2=p2(1);
                       y2=p2(2);
                       o2=p2(4);
                       q2=p2(5);
```

```
                        dd=callfun(x1,y1,o1,q1,x2,y2,o2,q2,Mu,Phi,
Gamma);
                        PointValue{i,j}=[dd(1),   dd(2),   dd(3),dd(4),
dd(5),dd(6)];
                        I=I+1;
                        Point{I}=[i,j];
                    end
                end
            end
    for k=1:1:I
        i=Point{k}(1);
        j=Point{k}(2);
        p=PointValue{i,j};
        p(1)=p(1)-X_3;
        p(2)=Y_3-p(2);
        p(3)=Y_3-p(3);
        PointValue{i,j}=[p(1), p(2), p(2),p(4),p(5),p(6)];
    end
    Y_3_0=Y_3 - Y_3_0;
    Y_3_2_1_0=Y_3 - Y_3_2_1_0;
    CountAlpha=2*N1+1;
     CountBeta=N1+1;
    for i=1:1:CountAlpha
        UN_0=0;
        for j=1:1:CountBeta
          p=PointValue{i,j};
          if p(1)~=MaxValue || p(2)~=MaxValue
              UN_0=UN_0+1;
          end
        end
        x_p=zeros(1,UN_0);
        y_p=zeros(1,UN_0);
        UN_0=0;
        for j=1:1:CountBeta
          p=PointValue{i,j};
          if p(1)~=MaxValue || p(2)~=MaxValue
              UN_0=UN_0+1;
              x_p(1,UN_0)=p(1);
```

```matlab
            y_p(1,UN_0)=p(2);
        end
    end
%    hold on
%    plot(x_p,y_p,'w')
end
for j=1:1:CountBeta
    UN_0=0;
    for i=1:1:CountAlpha
      p=PointValue{i,j};
      if p(1)~=MaxValue || p(2)~=MaxValue
          UN_0=UN_0+1;
      end
    end
    x_p=zeros(1,UN_0);
    y_p=zeros(1,UN_0);
    UN_0=0;
     for i=1:1:CountAlpha
      p=PointValue{i,j};
      if p(1)~=MaxValue || p(2)~=MaxValue
          UN_0=UN_0+1;
          x_p(1,UN_0)=p(1);
          y_p(1,UN_0)=p(2);
      end
     end
%    hold on
%    plot(x_p,y_p,'w')
end
Y_3_0;
Y_3_2_1_0;
UN_0=0;
for j=1:1:CountBeta
    for i=1:1:CountAlpha
      p=PointValue{i,j};
      if  p(2)==Y_3_2_1_0
          UN_0=UN_0+1;
      end
    end
end
```

```
x_p=zeros(1,UN_0);
y_p=zeros(1,UN_0);
UN_0=0;
for j=1:1:CountBeta
    for i=1:1:CountAlpha
      p=PointValue{i,j};
      if  p(2)==Y_3_2_1_0
          UN_0=UN_0+1;
          x_p(1,UN_0)=p(1);
          y_p(1,UN_0)=p(2);

      end
    end
end
% hold on
% plot(x_p,y_p)
X_3=0;
Y_3_0=0;
X_3_2_1=H/tan(Alpha0);
Y_3_2_1_0=H;
x_po=zeros(1,2);
y_po=zeros(1,2);
x_po(1,1)=X_3;
y_po(1,1)=Y_3_0;
x_po(1,2)=X_3_2_1;
y_po(1,2)=Y_3_2_1_0;
% hold on
% plot(x_po,y_po )
x_xie=zeros(1,CountBeta);
y_xie=zeros(1,CountBeta);
UN_0=0;
for j=1:1:CountBeta
    for i=1:1:CountAlpha
      p=PointValue{i,j};
      if p(1)~=MaxValue || p(2)~=MaxValue
          x_xie(1,j)=p(1);
          y_xie(1,j)=p(2);
      end
    end
```

```
end
% hold on
% plot(x_xie,y_xie,'r')
x_sj=zeros(1,3);
y_sj=zeros(1,3);
x_sj(1,1)=0;
y_sj(1,1)=0;
x_sj(1,2)=H/tan(Alpha0);
y_sj(1,2)=0;
x_sj(1,3)=H/tan(Alpha0);
y_sj(1,3)=H;
% hold on
% plot(x_sj,y_sj,'k')
% xlabel('x/m'); ylabel('y/m');
% axis equal;
syms a b c x kk
p_yh=polyfit(x_xie,y_xie,2);
a=p_yh(1);
b=p_yh(2);
c=p_yh(3);
px=poly2str(p_yh,'x');
ymin=PointValue{2*N1+1,1}(2);          %%minimum ordinate on the limit
slope curve,must be less than 0
x1=spline(y_xie,x_xie,0);              %%instability criterion: x1=0
F1=F1;
%求滑移线交点函数
function dd=callfun(x1,y1,o1,p1,x2,y2,o2,p2,u,fan,r)
    dd(1)=(x1*tan(o1-u)-x2*tan(o2+u)-(y1-y2))/(tan(o1-u)-tan
(o2+u));
    dd(2)=(dd(1)-x1)*tan(o1-u)+y1;
    dd(3)=(dd(1)-x2)*tan(o2+u)+y2;    dd(4)=((p2-p1)+2*(p2*o2+p1*o1)
*tan(fan)+r*(y1-y2)+r*(2*dd(1)-x1-x2)*tan(fan))/(2*(p2+p1)*tan(fan));
    dd(5)=p1+2*p1*(dd(4)-o1)*tan(fan)+r*(dd(2)-y1)-r*(dd(1)-x1)
*tan(fan);
    dd(6)=p2-2*p2*(dd(4)-o2)*tan(fan)+r*(dd(2)-y2)+r*(dd(1)-x2)
*tan(fan);
end
%求极限坡面曲线函数
function dd=callfan(x1,y1,o1,p1,x2,y2,o2,p2,u,fan,r)
```

```
    dd(1)=(x1*tan(o1)-x2*tan(o2+u)-(y1-y2))/(tan(o1)-tan(o2+u));
    dd(2)=(dd(1)-x1)*tan(o1)+y1;
    dd(3)=(dd(1)-x2)*tan(o2+u)+y2;    dd(4)=((p2-p1)+2*(p2*o2+p1*o1)
*tan(fan)+r*(y1-y2)+r*(2*dd(1)-x1-x2)*tan(fan))/(2*(p2+p1)*tan(fan));
end
%求 FOS 函数
function FB=solv_Fos(c_from_K,fi_from_K,K)
F=0.01;
BuchangX=0;                        %i.e.,step size Δx
ymin=1;
while ymin>=-1
    BuchangX=BuchangX+0.001;       %i.e.,calculation step Δ(Δx)=0.001
    F=F+0.01;
    [ymin,x1]=LCM_developed(c_from_K,fi_from_K,F,BuchangX,K);
    TTTT=111
    if ymin<-1
        while x1>0.001 & ymin<-1
          F=F+0.01;
          [ymin,x1]=LCM_developed(c_from_K,fi_from_K,F,BuchangX,
K);
          FFFF=222
        end
    end
end
FB=[F,BuchangX];
%求双折减系数 F1和 F2函数
function Fos=solv_Fos1(c_from_K,fi_from_K,K)
F1=[];
BC=[];
n=length(K);
for i=1:1:n
    FB=solv_Fos(c_from_K,fi_from_K,K(i));
    F1(i)=FB(1);
    BC(i)=FB(2);
end
F2=F1.*K;
C1=c_from_K./F2;
TAN_PHI=tan(fi_from_K/180*pi)./F1
Fos=[F1;F2;C1;TAN_PHI;BC]
```

```
%求 x₁ 值函数
function eq=solve_F(x,para)
c_from_K=para(1);
fi_from_K=para(2);
BuchangX=para(3);
[ymin,x1]=LCM_developed(c_from_K,fi_from_K,x,BuchangX);
eq=abs(x1);
%求临界曲线拟合函数、临界点、配套系数以及综合安全系数函数
function y=plot2018(c,fi,K)
clc
x0=5;
ans1=solv_Fos1(c,fi,K);
F1=ans1(1,:);
F2=ans1(2,:);
ins=find(F1==F2)
FFF=F1(ins)
C11=1./F2;
tanphi11=1./F1
p_yh=polyfit(C11,tanphi11,3);
p1=p_yh(1);
p2=p_yh(2);
p3=p_yh(3);
p4=p_yh(4);
lp=min(C11);
up=max(C11);
fail=fmincon(@(x)zxz2018(x,p1,p2,p3,p4),x0,[],[],[],[],lp,up);
fval=zxz2018(fail,p1,p2,p3,p4);
F2crit=1/fail            %i.e.,F2crit* corresponds to point Mmin
F1crit=1/(p1*fail^3+p2*fail^2+p3*fail+p4)         %i.e.,F1crit*
corresponds to point Mmin
FF1=[1,1/F2crit]
FF2=[1,1/F1crit]
FF3=[1,1/FFF];
FF4=[1,1/FFF];
A=polyfit(1./F2,1./F1,3)
y1=polyval(A,1./F2);
plot(1./F2,y1,'r-')
 hold on
 plot(FF1,FF2)
```

```
    hold on
    plot(FF3,FF4)
    axis equal
    grid on
plot(1,1,'*')
    plot(1/F2crit,1/F1crit,'*')
    plot(1/FFF,1/FFF,'^');
    FS1=(F2crit*F1crit)^(1/2)        %i.e.,FS by the proposed method
    FS2=((2)^(1/2)*(F2crit*F1crit))/(F2crit^2+F1crit^2)^(1/2)  %i.e.,
FS by the polar diameter method
    KK=F2crit/F1crit                  %reduction ratio factor corresponds
to point Mmin
    ans2=[FS1,FS2,KK,F2crit,F1crit];
    y={ans1;ans2};
%求临界曲线目标函数
function y=zxz2018(x,p1,p2,p3,p4)
yy=p1*x.^3 + p2*x.^2 + p3*x + p4;
y=((1-x).^2+(1-yy).^2).^(0.5);
```